Master C... ...ssert

名厨的小甜品

王　森◎主编

主　编

王　森

参　编

张婷婷　栾绮伟　霍辉燕

于　爽　向邓一　张　姣

海峡出版发行集团 | 福建科学技术出版社
THE STRAITS PUBLISHING & DISTRIBUTING GROUP | FUJIAN SCIENCE & TECHNOLOGY PUBLISHING HOUSE

图书在版编目（CIP）数据

名厨的小甜品 / 王森主编．—福州：福建科学技术出版社，2021.8
ISBN 978-7-5335-6414-8

Ⅰ．①名… Ⅱ．①王… Ⅲ．①甜食－制作 Ⅳ．①TS972.134

中国版本图书馆 CIP 数据核字（2021）第 048691 号

书　　名　名厨的小甜品
主　　编　王森
出版发行　福建科学技术出版社
社　　址　福州市东水路 76 号（邮编 350001）
网　　址　www.fjstp.com
经　　销　福建新华发行（集团）有限责任公司
印　　刷　福建新华联合印务集团有限公司
开　　本　787 毫米 ×1092 毫米　1/16
印　　张　13
图　　文　208 码
版　　次　2021 年 8 月第 1 版
印　　次　2021 年 8 月第 1 次印刷
书　　号　ISBN 978-7-5335-6414-8
定　　价　68.00 元

前言

随着我国烘焙市场的不断扩大和发展，现有的烘焙产品越来越多元化，行业的国际联系也越来越多。近年，我们成立了王森冠军联盟，成立初心就是为了更紧密地联系全球，加强技术与文化交流，促进烘焙行业的发展。本书就是在这样的交流背景中，得以诞生。

目前在国际上，无论是法国甜品，还是日本甜品，都有其独特的体系，展示出的产品或华丽或朴实。这些产品离我们并不遥远，制作也并不难，不信就打开这本书看一下吧。

本书从基础产品展开叙述，挑选多位国际名厨名师的“小甜品”向大家展示。这些名厨名师的身份有日本网红名店店长、法国甜品 MOF（法国最佳手工业者）、米其林主厨等，其中有小野林范、上霜考二、仲村纯、金井史章、土屋公二、平井茂雄、马修·布兰丁（Mathieu Blandin）、克里斯托弗·莫勒尔（Christophe Morel）、简－玛丽·奥博英（Jean-Marie Auboine）等人。

“小甜品”的概念是相对于多层组合甜品来说的，本书中的甜品层次少，在类别上总共选择了7种：饼干、烘烤小蛋糕、蛋糕卷、泡芙、果酱与抹酱、糖果、慕斯与馅料。

书中对每个产品的制作方法都有详细的介绍；对于每个制作中用到的材料、工具，还抓取重点进行说明；对于材料中的较特殊者，都提供了替代方案，供大家参考。我们还对每个产品提炼出其中较特殊的知识点，附在目录内，方便大家根据兴趣查找。

希望大家在通过本书学习制作的同时，也能扩大自己对烘焙的认识。

最后，祝大家阅读愉快，也期待大家对本书提出意见与指导。

作者

2021.3

目 录

Contents

第 1 章　做好准备……1

材料的处理……2
工器具选择……5
名师细节……10

第 2 章　饼干……14

基础制程和储存……15

芝士千层酥……17
知识点　·格吕耶尔芝士粉是什么？　·使用研磨黑胡椒的好处

香料曲奇……20
知识点　·赤砂糖的使用

松脆……23
知识点　·耐烘烤型可可粒的使用

焦糖萨布雷……25
知识点　·黄油的种类

香橙杏子手指饼干……27
知识点　·泡打粉的使用原理

佛罗伦萨饼干……29
知识点　·为什么要使用海藻糖？

第3章 烘烤小蛋糕……………………………32

基础制程……………………………………33

半熟芝士……………………………………35

知识点 ·奶油奶酪的使用 ·模具内部怎么更好地贴合油纸

·水浴烘烤的作用是什么？

白巧克力蛋糕………………………………40

知识点 ·脱脂牛奶的使用

黄油玛德琳…………………………………44

知识点 ·衍生口味的方法 ·泡打粉、黄油的用法

·模具的防粘处理

香料面包……………………………………49

知识点 ·糖衣的制作与使用

巧克力磅蛋糕………………………………52

知识点 ·什么是30波美度糖浆？ ·脆皮淋面酱的使用

栗子蛋糕……………………………………55

知识点 ·杏仁膏的使用

法式咸蛋糕…………………………………58

知识点 ·埃达姆奶酪

榛果酱的胜利………………………………61

知识点 ·按照图案挤出面糊形状

布朗尼………………………………………65

巧克力果干磅蛋糕…………………………67

蒂格蕾………………………………………70

知识点 ·焦黄油

巧克力熔岩蛋糕……………………………73

第4章 蛋糕卷……76

基础制程要点解析……77

巧克力树桩蛋糕……79

知识点 ·为什么叫树桩蛋糕？

松饼蛋糕卷……83

知识点 ·干燥蛋白粉 ·巧克力的不同性能 ·35%淡奶油是什么意思？

焦糖蛋糕卷……88

第5章 泡芙……91

基础制程与材料解析……92

花生香蕉巴黎布雷斯特……97

知识点 ·为什么叫巴黎布雷斯特？

闪电泡芙……102

知识点 ·为什么叫闪电泡芙？ ·T系列法国面粉简介
·12%黑可可粉是什么意思？

榛果酱流心泡芙……106

知识点 ·吉士粉有什么作用？ ·珍珠糖的装饰作用

第6章 果酱与抹酱……111

基础知识……112

藏红花香橙桃子果酱……113

知识点 ·柠檬酸溶液

咸黄油焦糖抹酱……116

知识点 ·艾素糖的使用 ·卵磷脂及相关材料的使用
·可可脂的正确使用

榛子巧克力抹酱 ……………………………………………119
知识点 ·50%榛果酱与100%榛果酱对比 ·葡萄糖浆对产品的作用
·转化糖浆对产品的作用
橙子香蕉果酱／巧克力果酱 ………………………………122
知识点 ·铜锅的使用 ·均质机的使用
榛果抹酱……………………………………………………125
知识点 ·澄清黄油的制作
咸焦糖抹酱…………………………………………………127
知识点 ·盐之花
第7章 糖果 ………………………………………………130
基础知识……………………………………………………131
甘纳许糖果…………………………………………………133
知识点 ·山梨糖醇的作用
杏桃百香果棉花糖…………………………………………136
知识点 ·棉花糖的储存
生巧：芒果百香果·草莓覆盆子·抹茶 …………………138
知识点 ·带色糖粉的制作与使用 ·口味变化的设计
开心果牛轧糖………………………………………………143
杏子软糖……………………………………………………146
知识点 ·酒石酸溶液的使用
深邃…………………………………………………………149
知识点 ·巧克力上色 ·糖壳制作
百香果伯爵茶巧克力………………………………………154
知识点 ·冷冻型巧克力糖果的制作

第8章　慕斯与馅料……157

基础知识……158

覆盆子香草克拉芙缇挞……161

知识点 ·饼底入模的方法 ·喷涂式淋面的装饰作用

柠檬挞……166

知识点 ·意式蛋白霜的灼烧装饰

牛奶歌剧院……173

知识点 ·“歌剧院”的经典传说

香草草莓甜心……177

知识点 ·法式甜品常用的组合结构

一口巧克力……185

知识点 ·多层甜品切割的注意点

异域风情磅蛋糕……190

知识点 ·磅蛋糕的表面装饰

海岛米欧蕾……193

知识点 ·杯装甜品的注意要点

做好准备

甜品制作其实并不复杂，其类别可能比较多，但是流程相似度都比较高，要想使产品达到非常理想的状态，其中的处理细节与流畅度是需要练习和掌握的。

很多技术是“一通百通”，甜品制作也不例外。本书中选择的产品的结构和组合都较简单，而其中所含的处理细节以及流程是甜品制作的基础，为此，在本书各个产品的介绍中，有较为详细的针对性介绍。

在本章，我们先介绍入门通用的技巧。

材料的处理

产品制作的基础是材料，各式材料通过特殊方式进行混合形成质地或均匀、或不一的产品，构成甜品的风味、质地、色彩等特征。下面对甜品制作中的常用材料的几种预处理方式进行简单的说明。

过筛处理

甜品制作中常用到的粉类是非常多的，包括各式小麦粉及其他谷物粉、抹茶粉、可可粉、坚果粉、泡打粉、玉米淀粉等，粉类都有一定的吸湿性，容易凝结成块状，所以在制作前期需要根据流程选择可以“合并”的粉类，进行先期混合、过筛。

过筛可以去除粉类中的杂质与颗粒，并使其颗粒之间充入空气，达到蓬松的一种状态，这样在后期能增加面粉与其他材料的接触面积，方便后期更好地混合。

常用工具为平面网筛，速度较快，网筛的孔有大小之分，可以满足不同的筛选需求。

△ 过筛处理

△ 处理后的可可粉

软化处理

在正式制作前，需要确认材料的性质是否达到最佳使用状态。以黄油打发为例，如果黄油是比较冷硬的，那么在后期打发过程中会发生较难与其他材料融合的状况，软化是比较常用的先期处理方式。

软化是指使材料由硬变软的加工过程，须借助于微波炉、隔水加热等方式，或者将材料放在自然条件下自然回温至软。常用于黄油、奶油奶酪、杏仁膏等材料的制品。

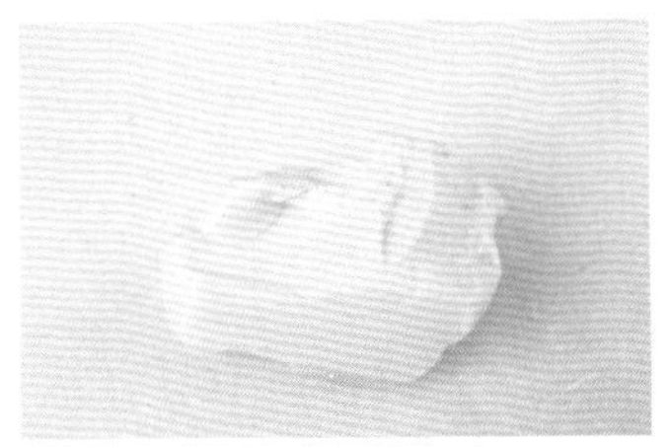

△ 软化前的黄油　　△ 软化后的黄油　　△ 软化的奶油奶酪

温度处理

材料的温度对产品的混合有一定的影响，在正式制作前，需要根据流程确认材料的温度是否符合制作需求。

有些材料需要进行加热处理，这一工作可以在正式制作前完成，这样在后期制作中可以节约等待时间，防止影响其他材料的正常状态。比如蛋液加热、牛奶加热、黄油熔化、巧克力熔化等。常用的方式有隔水加热、微波炉加热等。

有些材料则需要降低温度，可以通过冰箱冷藏、冷冻或者隔冰水降温的方法让材料达到所需状态。

隔冰水降温

加热完成的材料需要尽快降低温度，可在离火后，隔着盛器放入冰水中，且不停搅拌至温度下降至合适范围。注意在降温过程中如果不搅拌的话，表面会有结皮的现象产生，如卡仕达酱就会这样。

隔水加热

有的材料在制作过程中需要升温至一定范围内，可以隔着盛器放入热水中，持续加热至指定温度范围内；也可以不让容器接触热水，而是通过热水产生的“热气”来升温。

切割处理

对于水果、香料等材料，有时候需要进行切割或者特殊处理，比如香草荚取籽、水果切片 / 切块 / 切丁等处理，建议在制作前期完成。

凝胶剂处理

在众多凝胶剂产品中，吉利丁需要先期浸泡变软后使用，一般情况下吉利丁需要用其重量5倍的冰水浸泡变软。如果长期使用用量比较大，建议可以统一浸泡变软，再溶化、冷凝形成吉利丁块，随时加热熔化使用。

△ 切割处理

△ 吉利丁块

注：不同的品牌，吉利丁的吸水能力会不同。另外，即便用较少的水，长时间浸泡也可以达到效果，所以用水量主要还是看所制作的产品对含水量的要求。

工器具选择

甜品制作中的工器具使用对产品成形有直接影响，在本书产品的制作中，也都有较为明确的描述。产品制作时，在保证配方平衡的情况下，选取不同的材料器具，不同的处理方式，会使产品产生不同的状态和口感体验。

称量

在配方平衡的状态下，准确地称取所需要的材料，是产品制作成功的基础。常用的有电子秤、量杯等称量工具，如果量较大，也有较大型的台秤等可用。

△ 电子秤

△ 量杯

过筛

过筛是对干、湿性材料进行过滤处理。

干性材料的过筛常使用的工具为平面网筛，过筛速度较快，网筛的孔有大小之分，可以满足不同的筛选需求。（网筛的目数越大，孔就越小，可以过滤的食材越细。）

湿性材料的过滤除了能完成基础功能（如去除杂质、颗粒）外，同时也可以帮

△ 10 目网筛

△ 50 目网筛

助过滤空气。比如在淋面制作时，过筛可以去除淋面内部的气泡。其常用工具为锥形网筛，从侧面看这种工具呈三角形，适用于将材料过滤至小口径盛器中。

△ 锥形网筛

混合拌匀

“拌”是产品制作中很常出现的一个字，主要分为机械与人工两种，二者可单独操作，也可共同作用于产品制作中，使产品状态达到最佳。

机械法

机械法须借助于搅拌器、均质机、料理机等器械进行，使多种不同的材料均匀地混合在一起。采用机械法对材料进行混合，一方面提高了生产效率，另一方面可以使混合更均匀。

其次，机械法也更适合需要乳化的材料的混合。乳化是一种液体以微小颗粒状态均匀地分散在另一种互不相溶的液体中的现象。如果所用材料的相溶性不高，建议使用均质机（比如在制作油脂和水分含量都比较高的淋面时）。

搅拌机

搅拌机有时候也叫做厨师机、鲜奶机、和面机。

通过更换搅拌机上的搅拌器可以适应不同的情况：网状的搅拌器适合搅拌质地柔软的液体材料，扇形搅拌器适合搅拌硬性材料。

△ 桌立式搅拌机

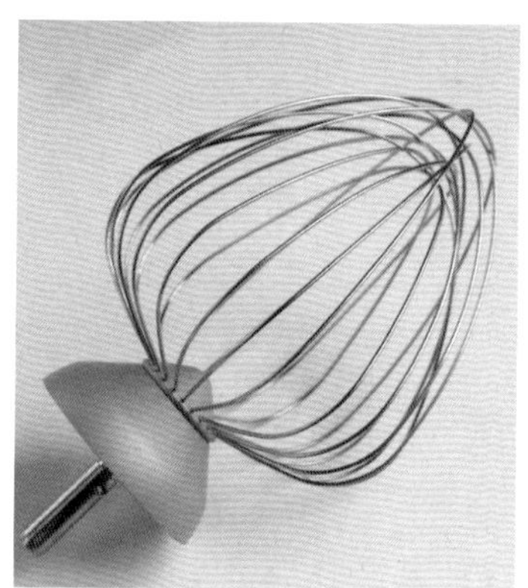
△ 网状搅拌器

△ 扇形搅拌器

其他常用的机械搅拌器

均质机：适合带有乳化目的的搅拌，力度比较大，作用结果比较细腻，有消泡的能力。

粉碎机：又称料理机，适合食材粉碎、混合，作用比较迅速。

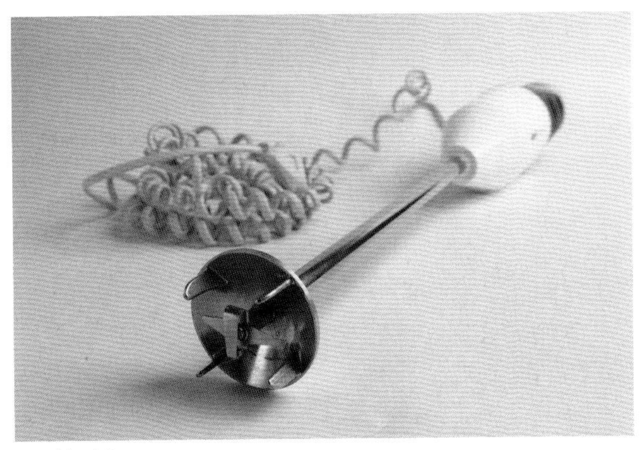

△ 均质机

△ 粉碎机

人工法

人工法可借助橡皮刮刀、手动打蛋器（蛋抽）等工具进行，通过人力控制制作程度，操作方便且针对性较强。制作的产品不同，“拌”的方式也不同。

橡皮刮刀：适用于翻拌、切拌、压拌等混合方式。

手动打蛋器（蛋抽）：适合需要快速搅拌的材料的混合，因为其切割面较多，易造成消泡，同一方向搅拌时也易形成规则的网络结构，因此在混合泡沫类产品、制作酥性面团时有局限性，但是多数液体材料的混合会使用此类工具。

△ 橡皮刮刀

△ 手动打蛋器（蛋抽）

擀

“擀”是对材料施加压力，使材料达到统一厚度的技术手法，常用于酥皮、挞派、巧克力配件的制作。随产品特性不同，擀的作用、效果也不同。

手工法可以使用擀面杖或类似器具。

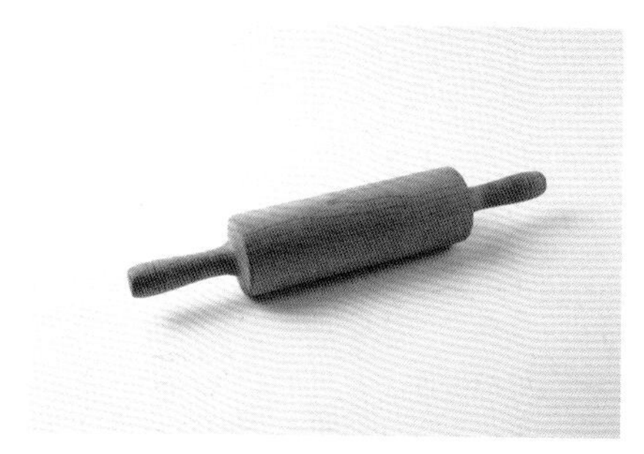

△ 适合大面团的擀面杖

△ 适合小面团的擀面杖

机器法可借助于起酥机，起酥机上带有刻度，可使面团均匀地压至想要的厚度。

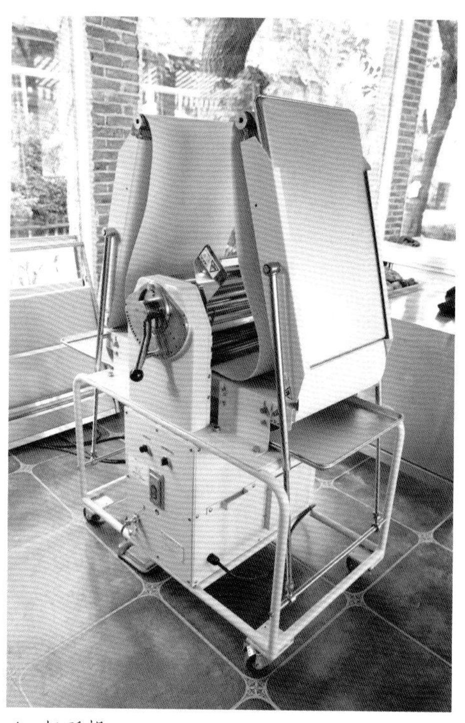

△ 起酥机

挤

“挤”是利用手的压力，通过裱花袋、裱花嘴等工具将材料制作出各式花样的技术手法。借助挤的手法，可以很好地控制产品的数量、厚度、造型等元素，实现产品的某些外观设计、口味设计。

△ 裱花袋（布制），裱花嘴转换器，各式裱花嘴

测温

对产品的温度进行测量能比较精确地掌握流程。针对不同的使用场景，有不同的温度计可供使用。

烘焙用温度计大致可分为机械式温度计、探针式温度计、红外线温度计。

糖浆温度计：可以显示实时温度，读数精准且方便。

不锈钢探针式温度计：可以插入食物中心进行测温，但是不能接触烤箱内壁及金属物体，需要使用电池，带有液晶显示屏，可以直接读出温度。在烘焙制作中比较常用。

红外线温度计：温度计不直接接触食物，需要使用电池，带有液晶显示屏，可以直接读出温度。使用原理是通过测量物体表面发出的红外能量来判断物体表面的温度，适用于较难接触的物体的表面温度测量。

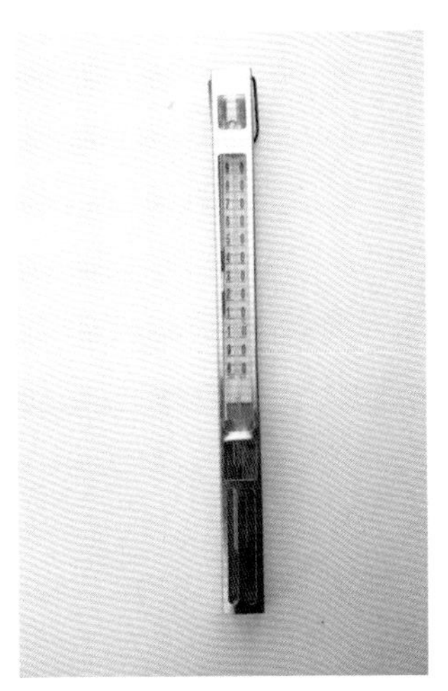

△ 水银温度计

△ 探针式温度计 (1)

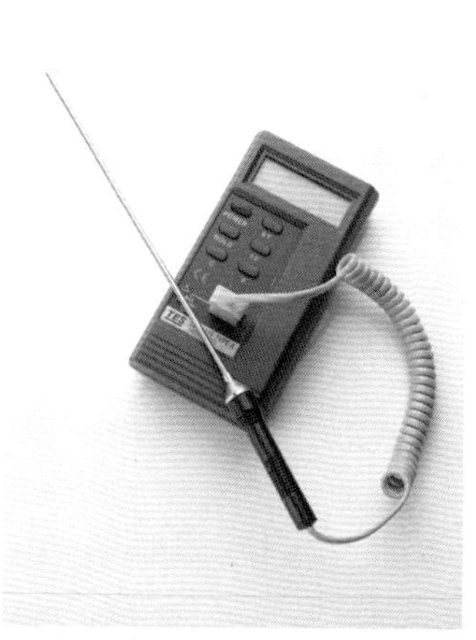
△ 探针式温度计 (2)

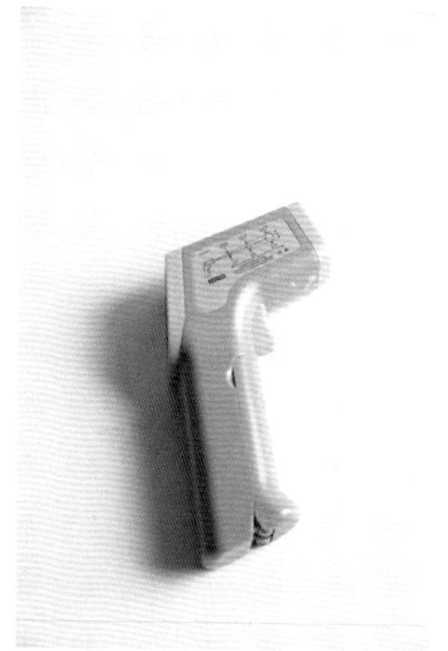
△ 红外线温度计

名师细节

好的习惯可以使自己变得更加优秀，在名厨们的甜品制作中，就有一些好的习惯，在这里跟大家分享。

充足的准备工作

甜品制作涉及材料、工具以及制作流程和装饰等方面。在正式制作前，可以仔细预想一下整个流程，然后根据流程提前做足准备工作——将材料进行预处理，准备好可能用到的制作工具以及清洁工具，进行烤箱预热等，以确保制作期间不会兵荒马乱，扰乱程序，导致制作不顺，产品不理想。

△ 产品分类准确，预处理完成

△ 提前处理好将用到的模具

时刻注意食品卫生与安全

材料与工器具准备完成后，在正式进行制作时，最好始终保持着制作场景的干净整洁，在制作中随时整理台面，避免脏乱影响到成品效果。

△擀面杖隔着油纸擀压小面团

在一些流程中，可以采用合理的方式规避不必要的清洁处理，如在擀制面团时，可以在面团上下各垫一张油纸，再进行擀制，这样可以防止面团粘到其他各处。

有些产品涉及多个小配方的制作，在组合之前需要注意各个产品的保存，避免在储存期间出现差错。一般情况下，在冰箱里储存时需要用保鲜膜对产品进行密封，防止冰箱中其他材料对其产生气味和质地上的影响。

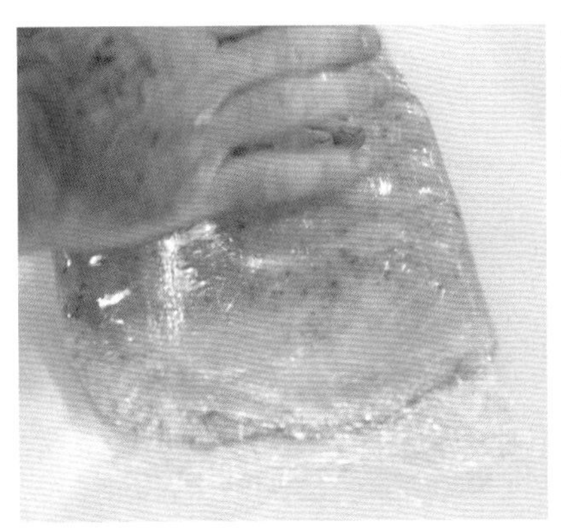

△ 使用保鲜膜将材料包裹或者覆盖起来

产品标准化

当批量制作产品时，需要注意产品的标准化，防止同样的产品大小不一、高低不一。尤其是当产品用于售卖时，更应注意这个问题。

实现产品标准化的方法有很多，使用模具是最常见的一种。

除了模具外，还有一些工器具也能起规范的作用，如果纯手工操作，即便有多年的经验，分割、定量也难达到机器的准确度，而使用合适的工器具会使制作效率大大提升。

△ 将馅料倒入模具中，定型后形成相同的形状

△ 使用五轮单用轮刀（自带尺规，作业的同时可以了解切割的间距）进行等分切割

也可以通过“奇思妙想”自制灵活的“规范”，为产品标准化提供引导，如下图。

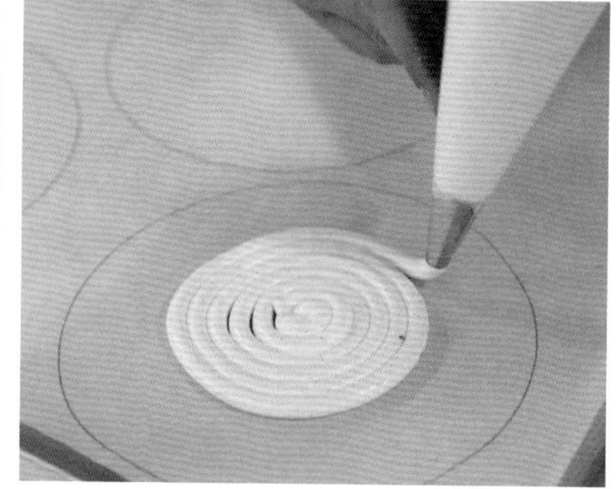

△ 在油纸上画出统一的大小，而后挤制面糊时就有了统一的参考

步骤精细化

每一步都精准完成，产品的呈现才会完美。应该认真对待每一步，善用工具，尽力使每个产品都达到最佳状态。

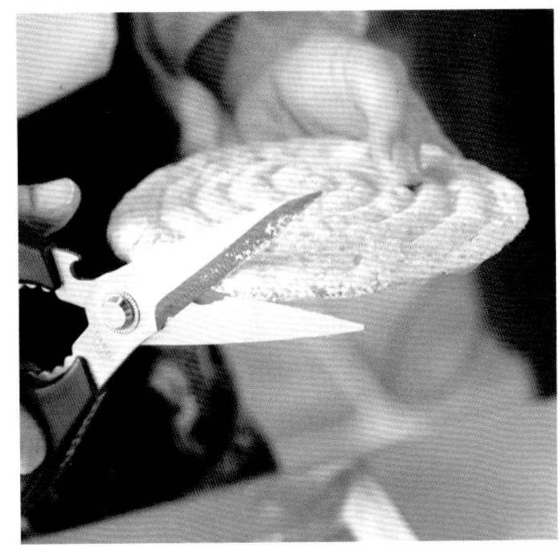

△ 使用剪刀将饼底修剪成同样的大小，且使周边更加整齐

△ 使用保鲜膜将抹完糖浆的蛋糕完全包裹起来，可以让风味更好地浸入蛋糕中

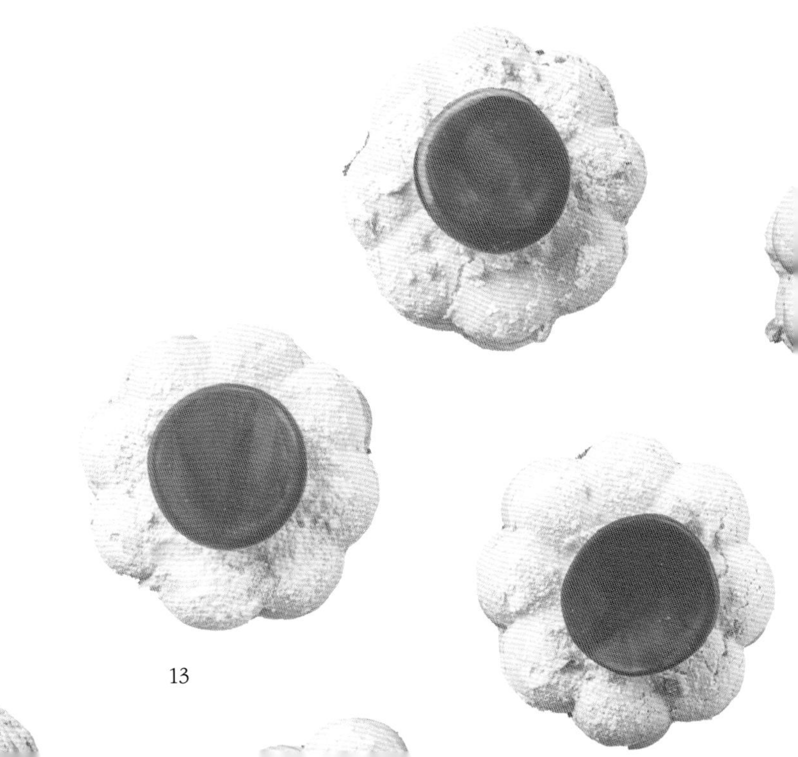

第2章

饼干

基础制程和储存

混合阶段

根据这一阶段的特点，饼干可以分成打发类和混合类。

（1）打发类饼干是以黄油或者蛋白为基础打发材料，打发之后添加蛋液、糖、面粉等材料混合制作成的面糊或者面团产品。混合阶段常用到的工器具有网状搅拌器（电动）、扇形搅拌器（电动）等。

（2）混合类饼干不涉及材料的打发，将材料混合均匀后即可塑形。混合阶段常用到的工器具有料理机、刮刀、手动打蛋器、扇形搅拌器（电动）等。

成形阶段

基础材料混合成面糊后，可以通过工具给产品一定的外形，常见的方式有刀具切割、挤制、模具塑形等；也可以手工进行塑形。

塑形后，就可以送入烤箱烘烤。

产品储存

饼干成形后，在保存中需要格外注意保护其酥脆性，可以根据饼干样式，选择合适的饼干盒、饼干袋进行保存。

除此之外，如果需要长时间保存，还应采用一些防护措施。

延长食品保质期的方法

部分烘焙产品属于高油量、高水量食品，在日常环境中长期储存会有被霉菌等侵害的风险，为了更安全地储存食品，延长保质期，我们可以采用一些简单的方法。

首先，我们需要了解食品变质的几种常见的原因：

（1）食品中的细菌与霉菌在潮湿环境中繁殖，引起食物腐败。

（2）环境中的氧气助力霉菌和好氧型细菌繁殖。

（3）适宜的环境温度会提高有害菌种的繁殖速度。

所以，我们可以通过控制食品的储存湿度、环境中的氧气含量、储存温度等来尽量延长储存时间。

储存小技巧

密封保存

密封保存可以减小外部环境对食品内部的影响，隔绝外部的氧气和水汽。密封需要使用合适的盛器，一般选用保鲜膜、密封袋、保鲜盒等。储存产品时，注意检查密封情况，确保没有破损、漏气的地方。

低温储存

在低温环境下，细菌和真菌的活性都不高或者停止生长，也就避免了菌种大量繁殖的风险。冰箱冷冻或者冷藏是我们常用的方式，

使用干燥剂或者脱氧剂

干燥剂和脱氧剂（除氧剂）的主要作用都是防止有害菌种的生长繁殖，只是作用方向不一样，如表格所示。

名称	原理	作用方式	适用产品
干燥剂	减少储存环境中的水分	通过物化反应来吸收水分，常用材料有生石灰干燥剂、硅胶干燥剂、氯化钙干燥剂等	干脆型食品，比如膨化食品、脆性饼干、海苔等
脱氧剂	减少储存环境中的氧气	通过物化反应来消耗氧气，常用反应原理有铁粉氧化、酶氧化等	轻油类食品，比如蛋糕、瓜子、坚果等

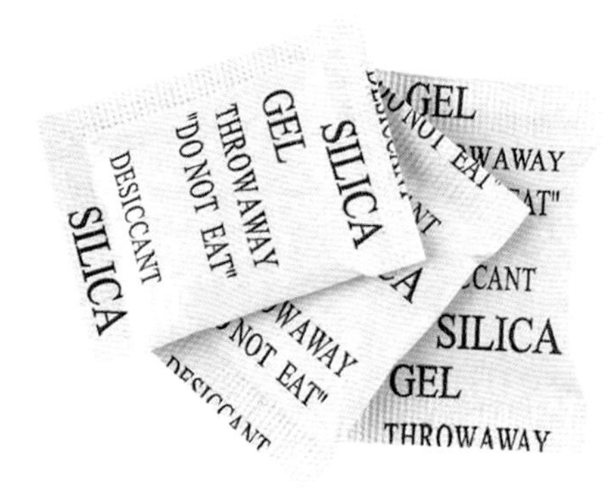

△ 干燥剂

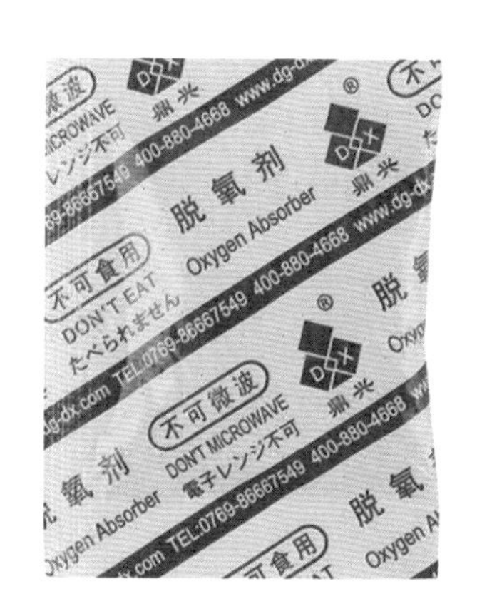

△ 脱氧剂

芝士千层酥

知识点 格吕耶尔芝士粉是什么？
使用研磨黑胡椒的好处

材料

- 高筋面粉…………400 克
- 格吕耶尔芝士粉…200 克
- 盐……………………6 克
- 黄油（软化）……300 克
- 牛奶………………150 克
- 蛋液…………………适量
- 芝士碎………………适量
- 研磨黑胡椒…………适量
- 卡宴辣椒粉…………适量

材料说明

格吕耶尔芝士粉：格吕耶尔属于硬质干酪，其产地有些争议，有的说是法国边境，有的说是瑞士小镇。随生产时间和成熟时间的不同，其色泽会有所不同。其口感柔软、醇厚。芝士粉是由天然芝士经过粉碎工艺制作而成的产品，呈粉末状，口感与天然芝士无异，适用的场合更多。可以使用其他品牌的干酪替代。

芝士碎：本次使用的芝士碎是使用刨刀（奶酪刨）在干酪上刨出来的。可以使用喜欢的干酪品牌，或者使用市售芝士粉替代。

△ 奶酪刨

研磨黑胡椒：瓶装研磨产品，瓶内黑胡椒是大的颗粒状，使用产品时，通过扭转瓶口使粒状胡椒通过后变成粉末状，且粗细度可调。这种方式可以更好地保存风味。可以直接使用黑胡椒粉替代，风味会有所下降。

卡宴辣椒粉：这是一种比较辣的辣椒粉，可以根据自己的接受能力选择添加量，或者选择其他品牌替代。

工具与制作说明

本次使用的搅拌工具是粉碎机，力量大，带有刀刃，粉碎性非常强，与材料的接触面积大。适用于需要快速混合的硬性与软性材料，可以减少面筋的产生。本次制作应尽量减少面筋的产生。

△ 粉碎机

可以改用带有扇形搅拌器的搅拌机，扇形搅拌器呈平面状，切割能力强，相比网状和钩状搅拌器来说，面团出筋的速度要慢一点。不过扇形搅拌器的搅拌时间还是过长，面团筋度仍然有增大的风险。

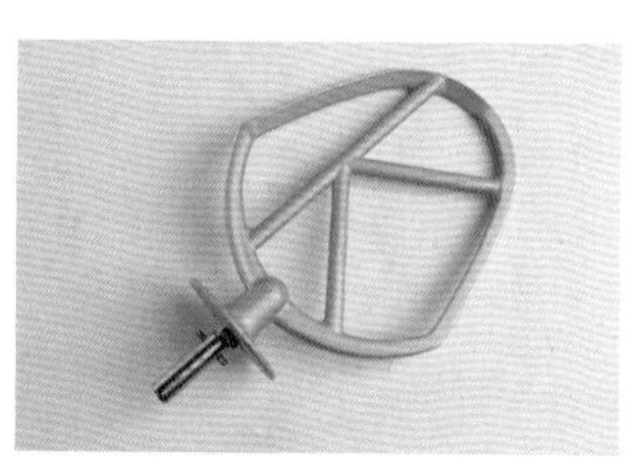

△ 扇形搅拌器

制作过程

1. 先将高筋面粉、格吕耶尔芝士粉、盐和黄油放入粉碎机中，边搅拌边加入牛奶，搅拌成团即可。

2. 取出面团，用手将整体拍平，再用保鲜膜完全包住，放入冰箱中冷藏松弛 20 分钟以上。

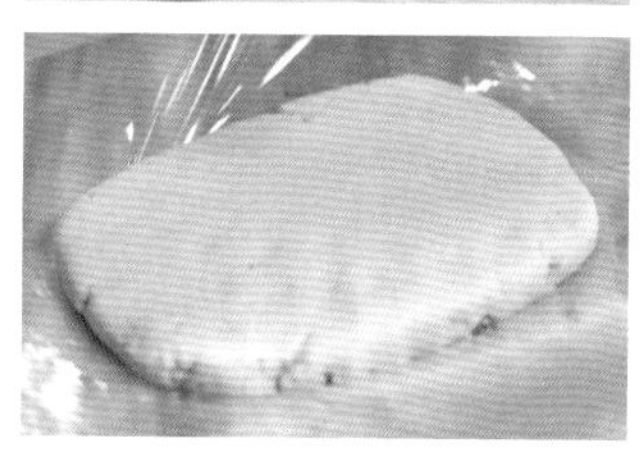

3. 取出面团放在两张油纸中间，擀至4毫米厚，而后如图用刀将其切成长度为5厘米、宽度为1.5厘米的条状。

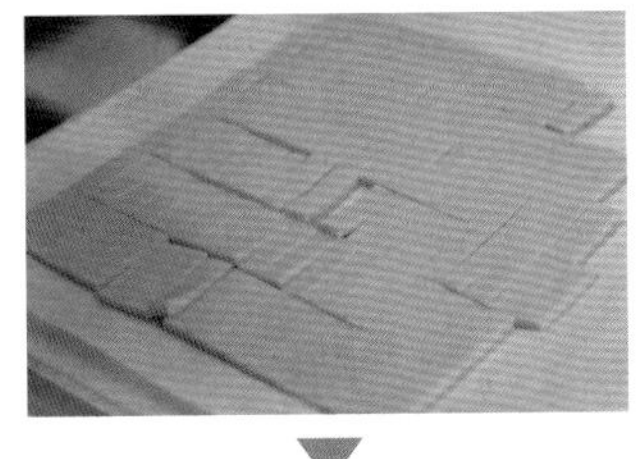

4. 在面皮表面刷一层蛋液（可以帮助产品上色和粘连芝士碎），再撒上一层芝士碎，最后撒上些许研磨黑胡椒（粒稍粗）。

5. 将饼干块分开放在带有网格硅胶垫的烤盘上（为了控制烘烤成形的高度，可以在其表面盖上一张烘焙纸，用网架压住）。

6. 将饼干放入风炉中，以170℃烘烤约20分钟，再取出，去掉上面的网架和烘焙纸，继续放入风炉中，烘烤约2分钟，直至表面上色。

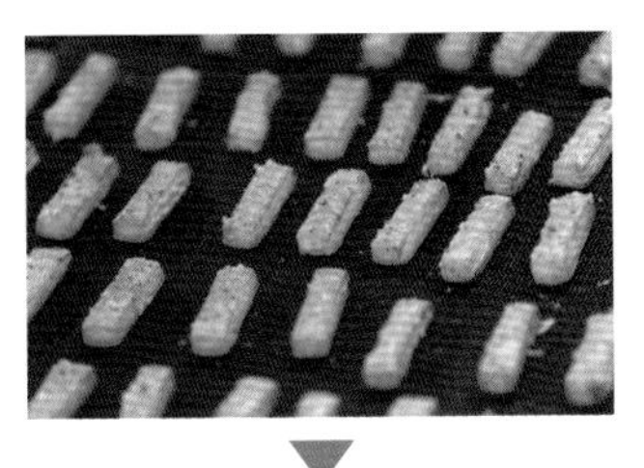

7. 取出，冷却，在表面撒上一层卡宴辣椒粉。

香料曲奇

知识点　赤砂糖的使用

材料

- 黄油……………………250 克
- 牛奶…………………… 20 克
- 赤砂糖………………250 克
- 细砂糖……………… 75 克
- 全蛋…………………… 50 克
- 盐………………………5 克
- 低筋面粉……………500 克
- 小苏打…………………5 克
- 香料混合物……… 12.5 克

材料说明

黄油：须提前放在室温下进行软化。

赤砂糖：以甘蔗为原料，在制作白砂糖的过程中将带色的副产品重新加工制作而成。赤砂糖带色，用于烘焙产品能使产品颜色更加偏红，且有一定的果味。

香料混合物：指的是肉桂粉、丁香粉、小豆蔻粉、生姜粉的混合物。

赤砂糖与红糖的区别

1. 制作工艺上的不同。简单来说，甘蔗或者甜菜经过榨汁后，再经过脱色等工艺形成白砂糖，而剩余的未脱色的残渣会重新制作成赤砂糖。可以说赤砂糖是白砂糖制作过程的副产品，因赤砂糖中带有较多的糖蜜，所以外观与红糖十分类似。而红糖是甘蔗或者甜菜经过榨汁后，再经过沉淀、澄清、蒸发等工艺而直接熬制成型的。

2. 营养、卫生与口感上不同。在甘蔗加工成白砂糖的过程中，会使用化学澄清剂，比如石灰、二氧化硫、磷酸等，这些会有少量残留在糖蜜中，进而进入赤砂糖中。所以赤砂糖在营养卫生等方面要比红糖稍逊色。

3. 形状质地上有不同。红糖制作成型时是成块状的，入口即化。即便后期加工成颗粒状的红糖颗粒，其流动性也比赤砂糖弱得多。

△ 赤砂糖

工具与制作说明

本次制作使用扇形搅拌器进行基础搅拌，制作的面团筋度较小，适宜制作酥脆的产品。面团在制作完成后有一定的黏性，需要冷藏；之后使用擀面杖或者起酥机进行擀制，本次制作需将面团擀至 3 毫米厚度。

本次选择圆形圈模进行切割，也可以根据喜好选择其他形状的，例如下图。

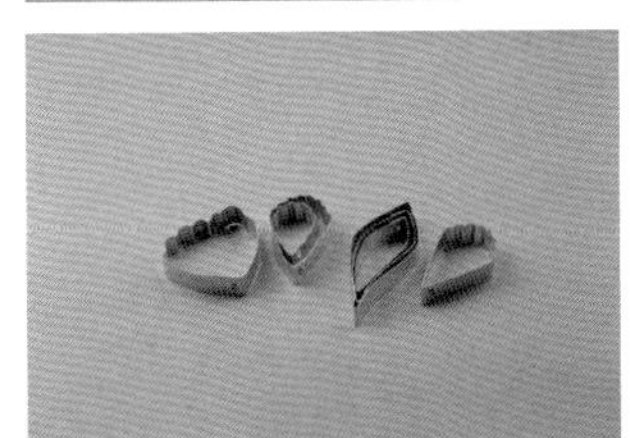

△ 用于切割的圈模

制作过程

1. 将黄油和牛奶倒入厨师机中，用扇形搅拌器进行搅拌。

2. 分次加入赤砂糖和细砂糖，持续搅拌至均匀，然后再分次加入全蛋液至混合均匀。

3. 将低筋面粉、盐、小苏打和香料混合过筛。

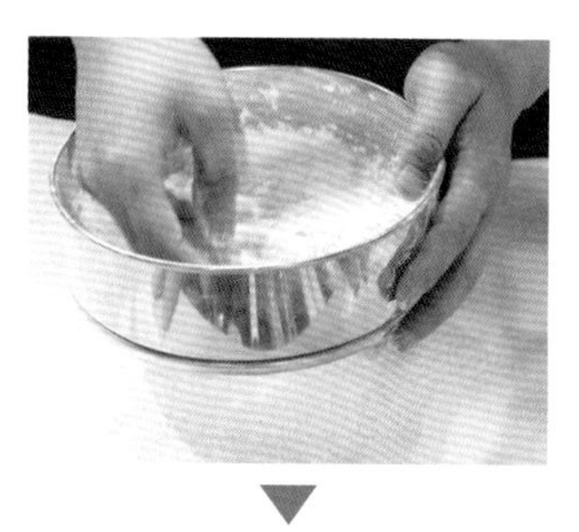

4. 将过筛后的粉类倒入“步骤2”中，继续搅拌成面团，取出，包上保鲜膜，放入冰箱中冷藏一晚。

5. 取出面团，将面团放在两张油纸中间，用擀面杖将其擀成3毫米厚度的面皮，使用直径6.5厘米圈模压出圆片。

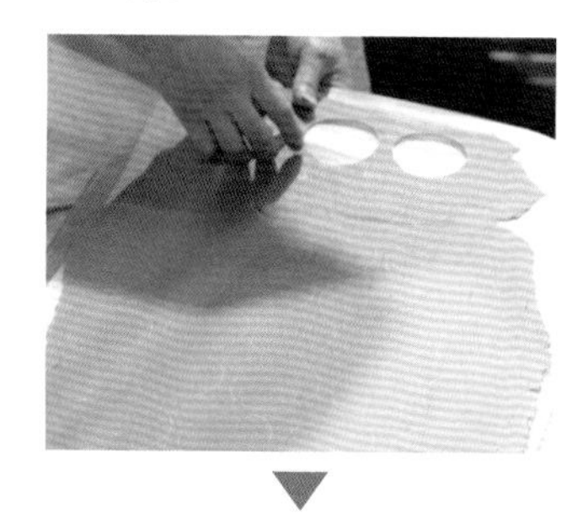

6. 将压好的圆片摆放在垫有硅胶网格垫的烤盘中，以180℃烘烤8分钟左右即可。

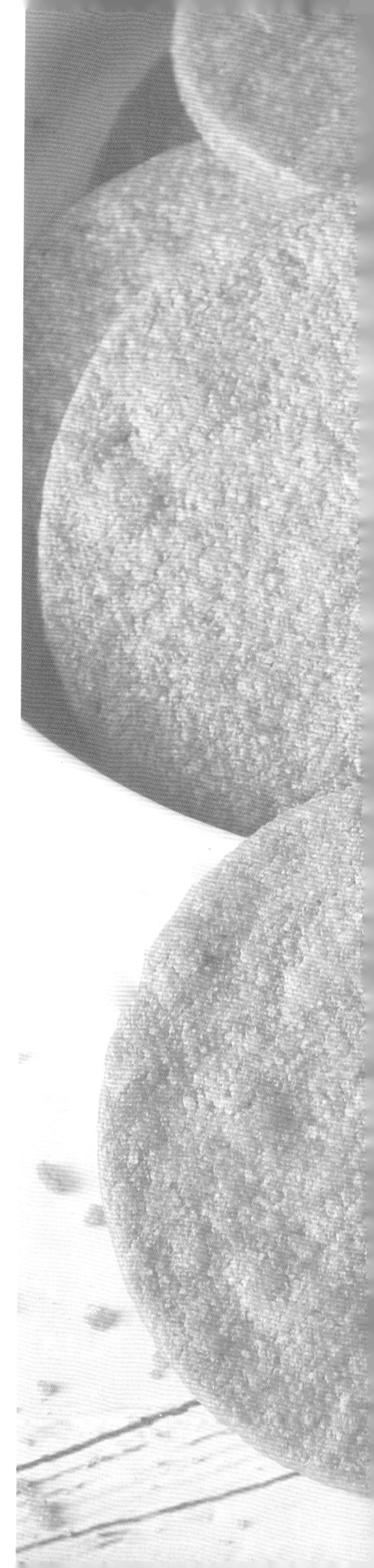

松脆

知识点 耐烘烤型可可粒的使用

材料

- 低筋面粉……………100 克
- 细砂糖………………280 克
- 蛋白………………… 56 克
- 扁桃仁……………… 75 克
- 榛子………………… 58 克
- 耐烘烤型巧克力…… 12 克

材料说明

榛子可以是整颗，也可以是成碎粒状的。

耐烘烤型巧克力又称水滴型巧克力，可以直接添加入面糊或者面团制作中，在高温下不易熔化。

△ 耐烘烤型巧克力

工具与制作说明

使用扇形搅拌器进行混合，无须过多搅拌，也可以全流程使用刮刀进行搅拌。面糊成形后有黏性，制型时需要使用油纸外裹防粘，定型需要冷冻。使用刀进行切制，厚度在 1 厘米左右。

制作过程

1. 将过筛的低筋面粉和细砂糖倒入厨师机中，分次加入蛋白，使用扇形搅拌器搅拌均匀。

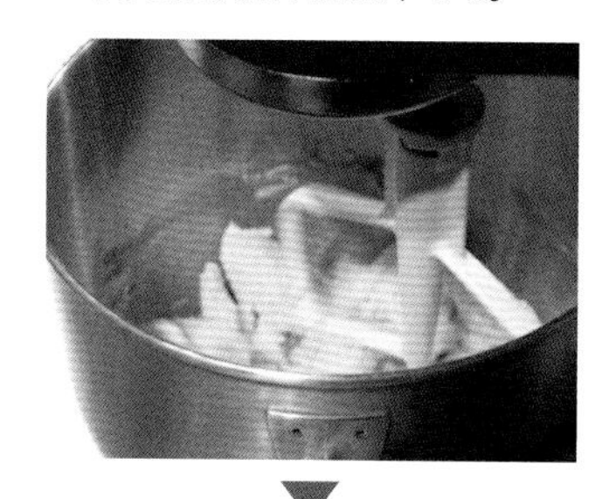

2. 加入扁桃仁、可可粒和榛子，搅拌成面团。

3. 将面团取出，包上油纸，将整体滚成圆柱体，之后放入冰箱冷冻一晚。

4. 取出，去除油纸，用刀将其切成 1 厘米厚度的圆片。

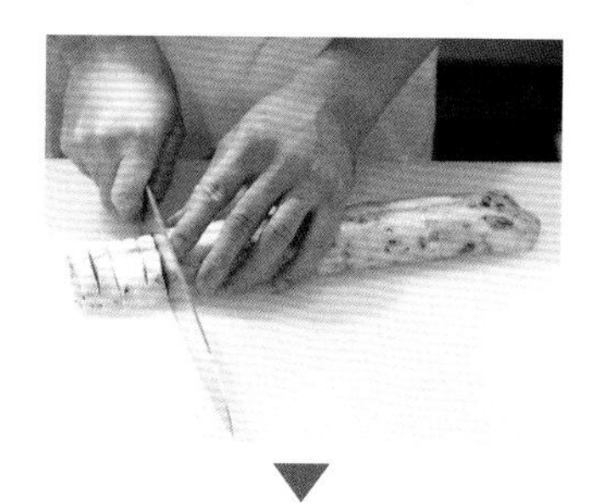

5. 将产品摆放在垫有硅胶垫的烤盘中，以 170℃烘烤 8 分钟，再以 160℃烘烤 4 分钟左右，出炉。

焦糖萨布雷

知识点　黄油的种类

材料

- 细砂糖 A……………120 克
- 细砂糖 B…………… 40 克
- 扁桃仁粉……………240 克
- 低筋面粉……………440 克
- 有盐黄油……………400 克
- 糖粉（装饰）…………适量

材料说明

本次使用的是有盐黄油，产品产生的后味要更长一些。

不同品牌的黄油脂肪含量不一样，本身的配方也不一样，所以市面上有许多风味不同、硬度不同的黄油种类。

在黄油的加工制作过程中，可添加糖、盐、发酵菌种等，不同的添加材料和制作方式可带来不同的风味。

黄油常见的品种

无盐黄油：最常见的一种黄油，相对于有盐黄油，也被称为是淡味黄油。

有盐黄油：在黄油制作过程中加入 1% ~ 2% 的盐，加盐后的黄油的抗菌效果会增强，且风味有别于基础黄油。

发酵黄油：在乳酸菌等发酵菌种作用下黄油逐渐酸化，再经过加工制成的带有特殊香味的黄油品类。

工具与制作说明

熬高温糖浆需要准备复合奶锅（复合多层底），避免糊锅。

材料混合时需要使用粉碎机进行搅打，这样才有足够的力度和混合能力。

制型时使用手动塑形。

制作过程

1. 在锅中分次加入细砂糖 A，加热熬成深褐色的焦糖（约 180℃），再倒在不粘垫上，使其自然冷却成焦糖块。

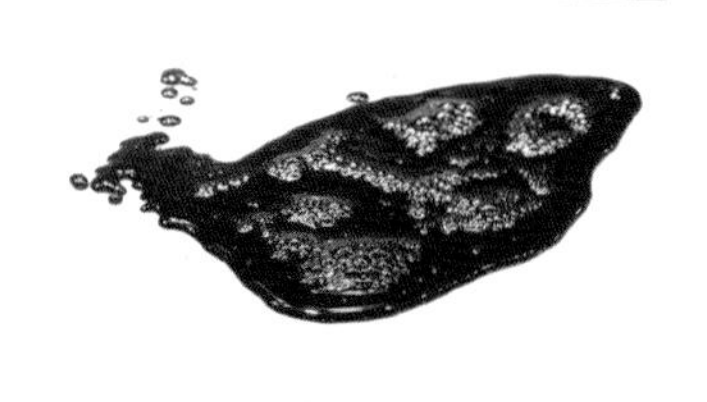

2. 将焦糖块放入粉碎机中，加入细砂糖 B，搅拌成沙粒状。

3. 继续加入过筛的扁桃仁粉和低筋面粉，搅拌均匀，然后加入有盐黄油，继续搅拌成面团状。

4. 将面团取出放在油纸上，在表面再垫一张油纸，用擀面杖将其擀成 1.5 厘米厚的面团，入冰箱中冷藏一晚。

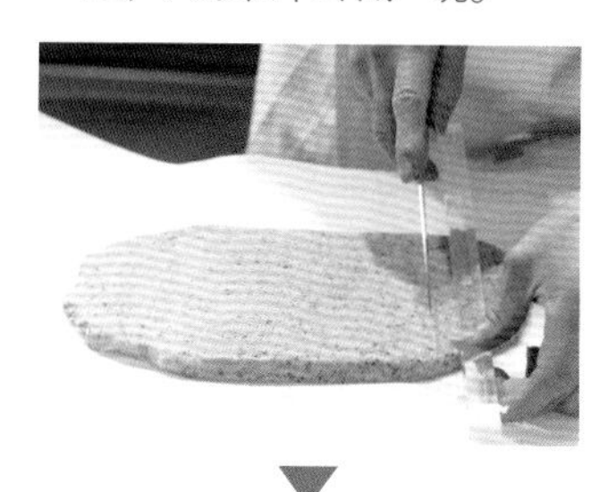

5. 取出面团，用刀将其切成长和宽各 1.5 厘米的方块，然后用手搓成小圆球，摆放在垫有硅胶垫的烤盘中。入风炉，以 160℃烘烤 12 分钟左右。

6. 取出，冷却，在其表面粘一层糖粉即可。

熬煮糖浆时，从糖液开始沸腾，到继续升高不同的温度，糖的状态和可控性都有很大不同。从 160℃开始，焦糖颜色开始由白变黄，170℃开始完全变黄，170 ~ 180℃开始从黄变褐，其中的甜味越来越淡，苦味越来越重。

香橙杏子手指饼干

知识点 泡打粉的使用原理

材料

- 低筋面粉……………375 克
- 泡打粉…………… 2.25 克
- 细砂糖………………195 克
- 全蛋…………………180 克
- 橙子香精……………… 4 滴
- 扁桃仁碎粒…………225 克
- 杏子干碎…………… 60 克
- 低筋面粉（手粉）……适量

材料说明

泡打粉：是由苏打粉（主要成分是碳酸氢钠）搭配其他酸性材料，再以玉米淀粉为填充剂制成的白色粉末物质。泡打粉在与水分接触后，其中的酸、碱物质发生化学反应而产生二氧化碳，使产品产生膨胀变化。

△ 泡打粉

橙子香精：它可以给产品添加橙香。没有的话，可以使用 10 克左右的浓缩橙汁替代。

扁桃仁碎粒、杏子干碎：宜使用小颗粒的，避免后期切割时不便分离。颗粒状材料可以丰富入口的体验，增加食用乐趣。

工具与制作说明

使用扇形搅拌器进行材料搅拌，至基本混合即可。本品经过两次烘烤，第一次整体烘烤使表皮上色，至一定的成熟状态；取出，用刀直切成块，侧面朝上继续烘烤至表面上色。

制作过程

1. 将低筋面粉和泡打粉过筛，倒入厨师机中，加入细砂糖，使用扇形搅拌器搅拌均匀。

2. 在全蛋中加入橙子香精，然后缓慢倒入上一步成品中，继续搅拌均匀。

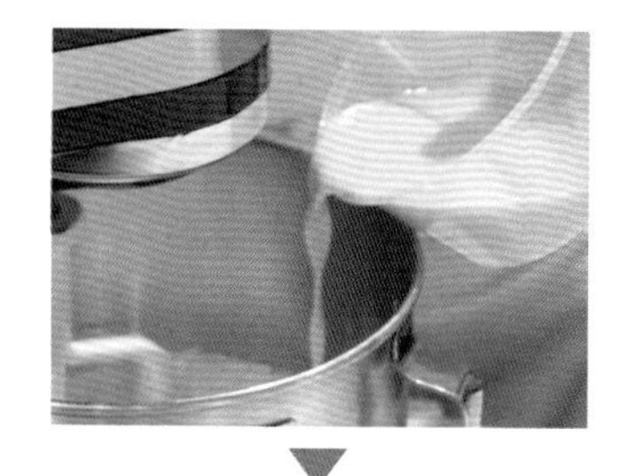

3. 加入杏子干和扁桃仁碎粒，搅拌成团。

4. 取出面团，放入垫有硅胶垫的烤盘中，撒上手粉，将其搓成圆柱形。

5. 再用手将圆柱形拍平，拍至厚度 1.5~2 厘米，而后放入风炉中，以 180℃烘烤 15 分钟。

6. 取出烤后的面团，用刀将其切成厚度约 1 厘米的饼干片，再摆放在烤盘中，入风炉以 180℃烘烤 8 分钟左右，至表面上色，出炉。

佛罗伦萨饼干

知识点 为什么要使用海藻糖?

萨布雷饼底

材料

- 黄油……………………375 克
- 糖粉……………………130 克
- 海藻糖………………… 20 克
- 盐……………………… 1 克
- 全蛋…………………… 30 克
- 低筋面粉……………400 克
- 高筋面粉……………100 克

材料说明

海藻糖

海藻糖在日本烘焙行业中较常使用，它是由二分子葡萄糖形成的糖品种，与麦芽糖结构相似，甜度是蔗糖的 45% 左右，甜度适中。海藻糖是非还原性糖，所以与氨基酸、蛋白质共存且在一定的加热条件下，短时间内不会发生褐变反应，对食品表面烘烤后上色的反应有一定的减弱作用。

海藻糖也具有很强的持水性，能很好地锁住食品中的水分，所以它适用于富含水分、保质期长的食品。

海藻糖还可以防止淀粉的老化，对烘焙食品，尤其是需要冷藏的烘焙食品效果较为显著。海藻糖还有抑制脂质酸败等多种作用。

△ 海藻糖

工具与制作说明

使用扇形搅拌器将材料混合均匀成面团状，冷藏松弛后进行整形工作。

使用起酥机将面团擀压至一定的厚度，再使用滚针扎孔器在面团表面扎出针孔，防止在后期烘烤中面团受气不均引起表面鼓胀。如果手边没有滚针扎孔器，可以使用牙签一点点地扎出孔洞。

△ 滚针扎孔器

制作过程

1. 将黄油倒进搅拌缸中，用扇形搅拌器低速搅拌至软，加入糖粉、海藻糖和盐，继续低速搅拌均匀。

2. 在小盆中放入全蛋，用手动打蛋器混合均匀，再隔水加热至 30℃左右。

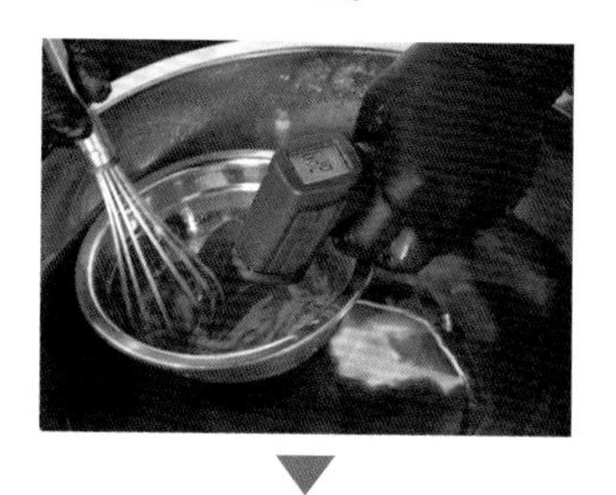

3. 将“步骤 2”分两次倒入“步骤 1”成品中，继续搅拌均匀。

4. 加入过筛好的混合粉（低筋面粉和高筋面粉），以中速搅拌均匀成面团状。

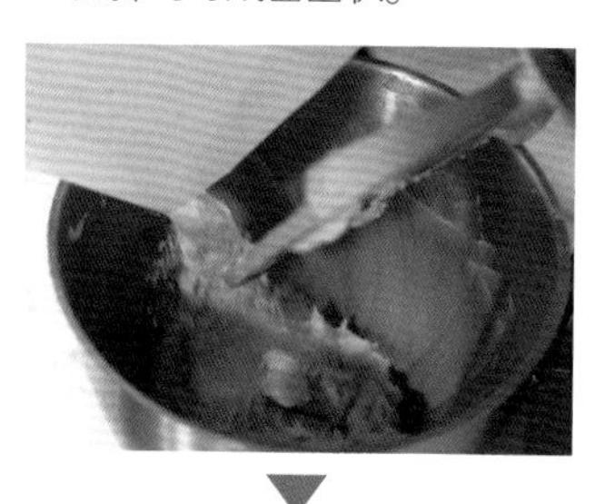

5. 取出搅拌好的面团，用保鲜膜将其完全包裹住，放进冰箱中，冷藏松弛片刻。

6. 在桌面撒上少许面粉，将松弛好的面团揉捏整形，用油纸包起放入冰箱中冷藏。

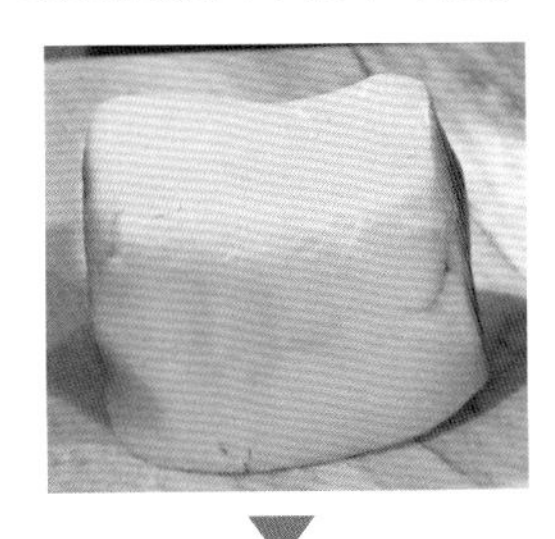

7. 取出冰箱中的面团，用起酥机将其压成约 0.5 厘米厚的面饼，再用抹刀将其周围多余边角裁去，放进预先准备好的烤盘中（烤盘的底部和侧面需要贴油纸防粘）。

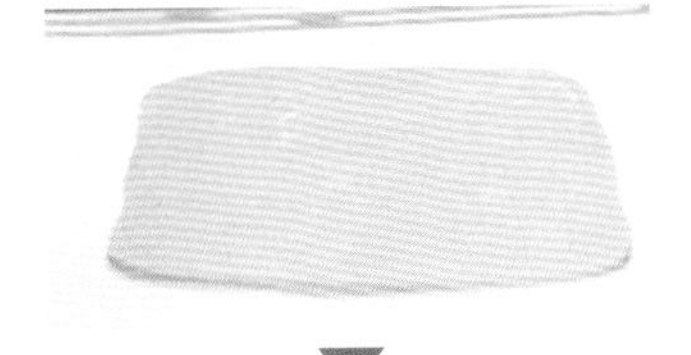

8. 用滚针在其表面滚动，扎出针孔。之后放入风炉中，以上火 170℃、下火为 150℃烘烤 18 分钟（开风门）。

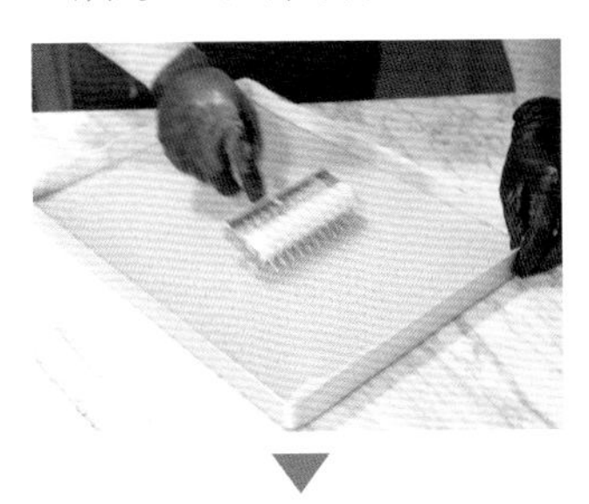

9. 将烘烤好的萨布雷饼底取出，放置网架上，在室温下冷却，备用。

牛轧糖

材料

- 黄油…………………… 85 克
- 淡奶油………………… 50 克
- 细砂糖………………… 50 克
- 蜂蜜…………………… 42 克
- 烤扁桃仁片…………150 克
- 黑芝麻………………… 13 克
- 白芝麻………………… 13 克

制作过程

1. 将黄油、淡奶油、细砂糖和蜂蜜依次倒入奶锅中，边用木铲搅拌、边加热煮至 108℃左右。

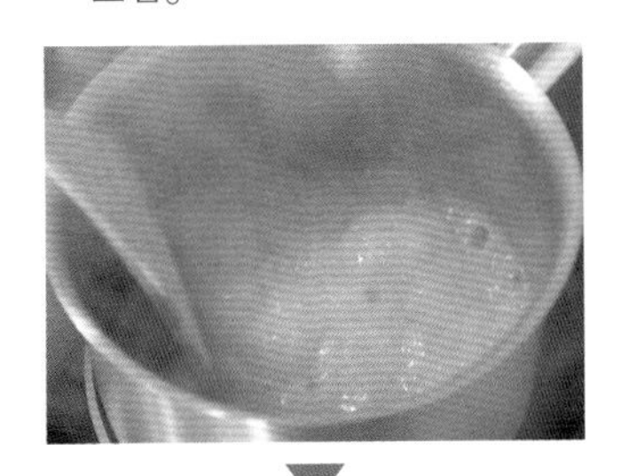

2. 另将烤扁桃仁片、黑芝麻、白芝麻倒入盆中，用橡皮刮刀搅拌混合。

3. 将“步骤 1”倒入“步骤 2”中，并用橡皮刮刀翻拌均匀。

组装

制作过程

1. 将牛轧糖倒在烤好的萨布雷饼底上，用刮板抹平压实，放入烤箱中，以上火 180℃、下火 100℃烘烤 13 分钟。

2. 取出，将其放置网架上，在室温下进行冷却，再将其脱模。

3. 用锯齿刀先将其周围多余的边角裁去，然后将其均匀切割成合适大小（本次切割宽 2 厘米、长 12 厘米）。

第3章

烘烤小蛋糕

基础制程

混合阶段

与饼干相比，蛋糕的材料更加丰富，可设计层次也比较多，所以烘烤类蛋糕的制作更加富有变化。

一般在制作前先熟悉流程，将材料进行分类，而后逐步进行混合操作，避免材料过多产生遗漏。蛋糕制作多数情况下涉及打发，比如蛋白打发、全蛋打发、分蛋打发、黄油打发、杏仁膏打发等，软性材料的打发多使用网状搅拌器，其他则多使用扇形搅拌器。

除打发外，其他的混合操作可以使用刮刀、料理机等常规混合工具。

入模和烘烤阶段

所有的蛋糕都需要借助模具成型。蛋糕模具的种类比较多，有些经典的蛋糕款则有固定的造型，比如玛德琳（贝壳蛋糕）。蛋糕模具可以根据实际情况选，本书中提供的模具样式仅供参考。

入模后就要送入烤箱了，烤箱的烘烤使产品由生变熟，烘烤时热量同时通过传导、对流和辐射这三种方式传递，而不同的烤箱，三种传热方式的作用情况有所不同，各方式传热的先后顺序和强弱程度在相同的产品上可能会带来不同的结果，这也就是为什么有些产品在制作时建议使用风炉，而有些产品使用平炉即可。

平炉是较常用的一类烤箱，通过加热管进行加热，有些大型平炉会用传导性更好的“板”将加热管遮起来（比如石板），使传热效果更好一些。平炉的基础设置有上下火（也称面火温度、底火温度）、定时器、定时开关、照明开关和电源开关等，有些会配有蒸汽功能和排气功能（风门），对于特定的产品有作用。

风门

风门用于烤箱内外通气，可以用于排除烤箱内部蒸汽。开风门可以使产品烘烤得很干。开风门需要注意产品是否完成“定型”，如果产品在膨胀过程中突然开风门的话，内部气压会急速下降，可能引起产品回缩。

如果使用的烤箱没有风门，可以稍稍开一下烤箱门，也能实现排除烤箱内部蒸汽的效果。

△ 平炉：能调节上下火，带蒸汽功能

△ 风炉：有热风循环系统，使面团受热更均匀

相比平炉来说，风炉有热风循环系统，当烤箱工作时，其热风循环系统开启，使对流传热效率加大，这对于有层次的产品、脆性产品等有较好的烘烤效果。

对于同一个产品的烘烤，使用风炉需要的时间低于使用平炉，需要的温度风炉也低于平炉 10℃左右。

后期组合与装饰

蛋糕在烘烤完成后，拥有了一定的形状，可以对色彩、形状、口感质地等方面进行加工和改造。比如可以使用撒糖粉、抹茶、可可粉，淋面等操作对产品的外表进行覆盖或者包裹，改变原有的色彩和口感；也可以通过刀具、压模对产品进行外形的改造。

烘烤类蛋糕的组合相比慕斯的组合要简单一些，主体层次是烘烤产品，其他层次是围绕主体层次而展开和执行的。比如在蛋糕胚表面抹一层糖浆或者裹一层糖衣，就是为了增加主体产品的风味或者口感层次，还可以添加酥粒、脆面层、夹心酱汁等。

半熟芝士

知识点 奶油奶酪的使用
模具内部怎么更好地贴合油纸
水浴烘烤的作用是什么

蛋奶糊

材料

- 牛奶…………………235 克
- 蛋黄…………………135 克
- 细砂糖 A…………… 33 克
- 玉米淀粉…………… 15 克
- 黄油………………… 44 克
- 奶油奶酪（kiri） …255 克
- 奶油奶酪（安佳）…100 克
- 蛋白………………… 75 克
- 细砂糖 B…………… 75 克
- 海藻糖……………… 10 克

材料说明

奶油奶酪：英文名 cream cheese，是牛奶和牛乳制品通过发酵制作出的一类产品，奶油奶酪的品牌有很多，各个品牌的奶酪风味各有偏重，比如有的偏酸、有的偏甜、有的偏咸香。本次制作混合使用两种风味的奶酪，可以互相补充，使用前先放入微波炉中进行加热软化。

Kiri（凯瑞）奶油奶酪：法国品牌，属于偏咸类芝士，色彩偏白，奶味非常浓郁。其质地偏软，具有顺滑细腻的口感，是比较有名的芝士品牌。

安佳奶油奶酪：偏甜的芝士品牌，顺滑度相较其他品牌会差一点，味道略带奶腥味，质地厚重。

工具与制作说明

奶油奶酪的软化可以在室温下自然进行，也可以使用微波炉加速进行。

△ 奶油奶酪的软化

食材的熬煮和混合使用复式底锅。蛋白霜制作使用网状搅拌器。

制作过程分成四大部分：其一是卡仕达酱的制作（步骤1~5）；其二是两种奶油奶酪的混合软化打发（步骤6）；其三是打发蛋白（步骤7）；最后是前三者的分次混合（步骤8~9）。

制作过程

1. 将牛奶倒入复合底锅中，用小火加热煮至沸腾。

2. 另在盆中加入蛋黄和细砂糖 A，用手动打蛋器搅拌混合，再向其中加入过筛好的玉米淀粉，搅拌均匀。

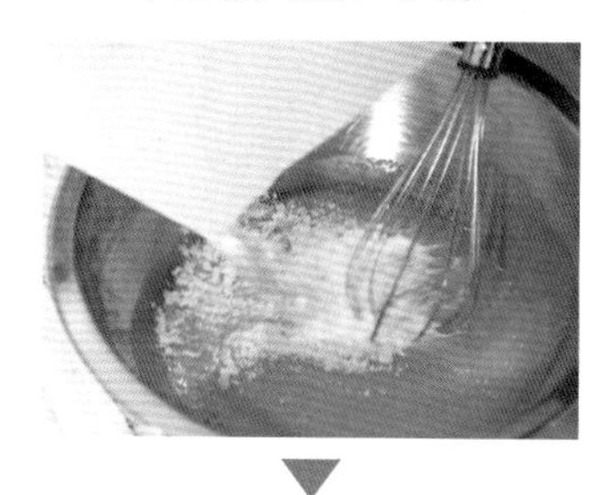

3. 将“步骤 1”缓缓加入到“步骤 2”中，并用手动打蛋器搅拌均匀。

4. 再倒入复合底锅中，用小火边加热、边不停地用手动打蛋器搅拌。

5. 加入黄油，并继续用手动打蛋器搅拌均匀，至浓稠细腻状。

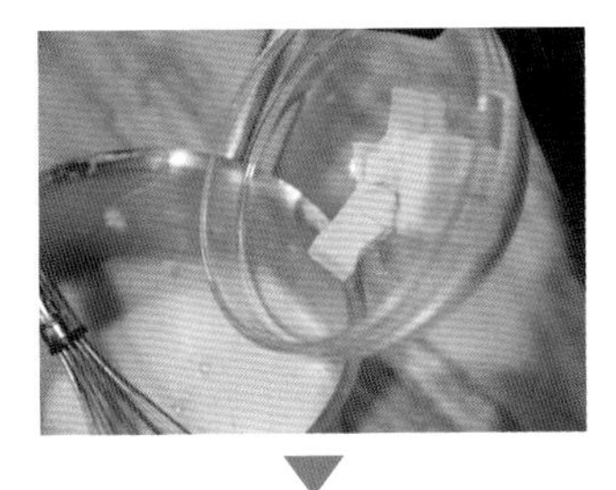

6. 另将 kiri 和安佳两种奶油奶酪依次倒入搅拌缸中，用扇形搅拌器先高速、再中速搅拌打发至硬性状态，备用。

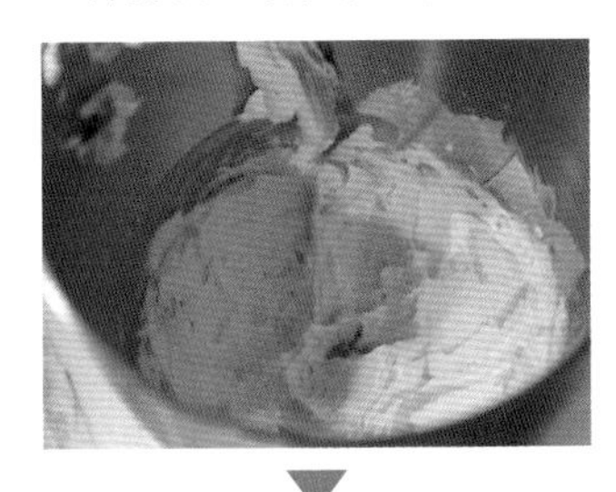

7. 另取一个搅拌缸，依次加入蛋白、细砂糖 B 和海藻糖，用网状搅拌器高速搅拌打发至软钩状。

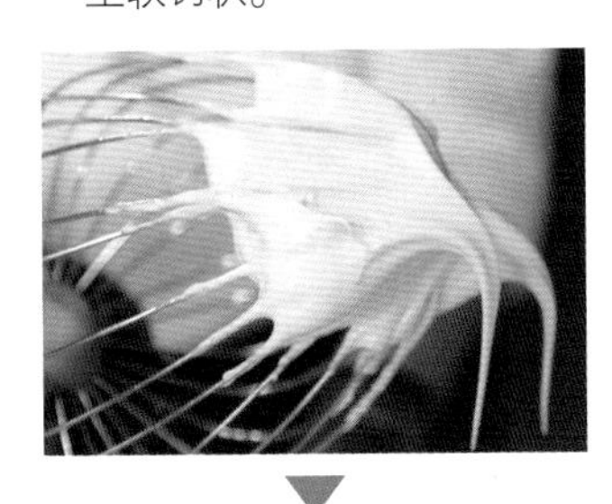

8. 取三分之一“步骤5”倒入“步骤6”中，用橡皮刮刀翻拌均匀，再倒入剩余的“步骤5”，继续翻拌均匀。

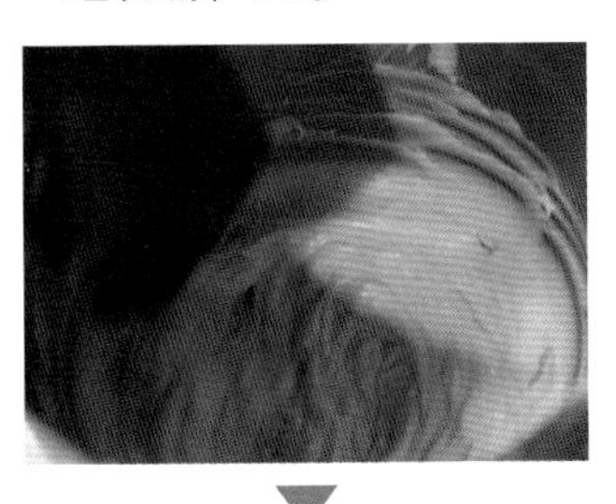

9. 将“步骤7”分三次与“步骤8”混合，同时用手动打蛋器稍拌匀，然后用橡皮刮刀翻拌均匀，再将其倒入裱花袋中，备用。

海绵蛋糕胚

材料

- 全蛋……………………215 克
- 蛋黄…………………… 30 克
- 转化糖……………………7 克
- 细砂糖………………130 克
- 海藻糖……………… 33 克
- 低筋面粉……………100 克
- 泡打粉……………………2 克
- 牛奶……………… 25 毫升
- 黄油…………………… 25 克

材料说明

本次使用三种糖，分别是转化糖、细砂糖和海藻糖，在保证膨胀支撑力的同时进一步降低糖度，增大产品的保湿性。本次制作中的湿性材料占比较大，所以使用泡打粉保证整体的膨胀力度。

工具与制作说明

本次打发混合使用网状搅拌器，面糊完成后倒入圆形模具中。为了减少后期的模具清洗工作，可以在圈模内部贴上一圈油纸，做法如下：

1. 根据模具底部大小，裁切出比模具直径稍大 1~2 厘米的圆形油纸，放在模具底部。

2. 根据模具的周长，裁切出长方形油纸，油纸长度稍大于模具的周长，油纸宽度等于或者稍大于模具高度，然后围在模具内部。

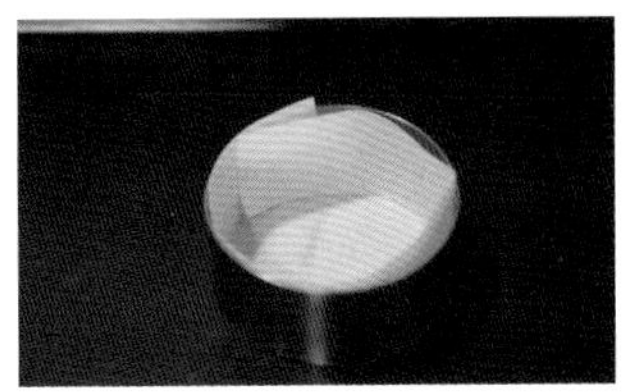

此款海绵蛋糕的膨胀与爬升能力比较强，所以内壁可以使用油纸。而有些蛋糕胚的支撑能力比较弱，就不建议使用油纸防粘，那样可能导致膨胀力变弱。

制作过程

1. 在搅拌缸中依次加入蛋黄、全蛋、转化糖、细砂糖和海藻糖，用手动打蛋器搅拌混合，隔温水加热搅拌至37℃左右。

2. 使用网状搅拌器先高速、后中速搅打至细腻的流体状。

3. 加入过筛的粉类，用橡皮刮刀将其快速翻拌均匀至无面粉颗粒状。

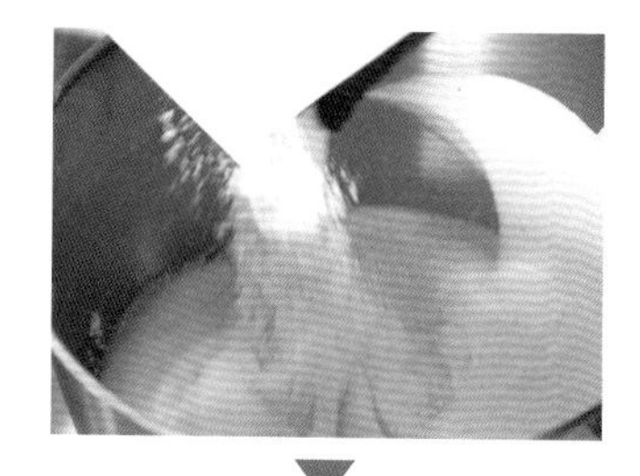

4. 另将黄油和牛奶倒在一起，隔温水加热至黄油熔化，约50℃备用。

5. 将“步骤4”慢慢倒入“步骤3”中，继续用橡皮刮刀翻拌混合均匀。

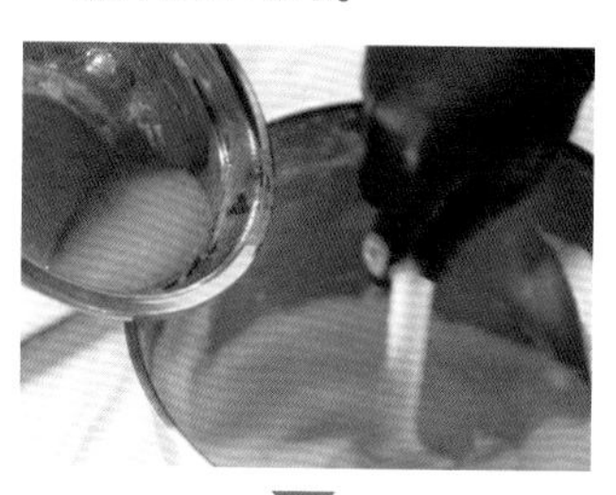

6. 将面糊倒入模具中至八分满，放入烤箱，以上火180℃、下火150℃烘烤25分钟。

7. 取出烤好的蛋糕胚，倒扣放置在网架上，室温冷却后再进行脱模，组装备用。

组装

工具与制作说明

本次制作使用了水浴烘烤，为什么要使用水浴加热？水浴加热对产品制作又有什么影响呢？

首先需要明确：水的沸点是100℃，不会再升高，之后继续加热会加快水从液体变成气态，即变成水蒸气。

蛋糕如果不通过水浴法直接进行烘烤，过高的热量会导致蛋糕内部水分极速升温、气化，形成水蒸气，如果蛋糕失去过多的水分，那么口感就会变得很干，或者湿润度不够。

所以，水浴加热的主要目的是增大烤炉内部的水蒸气含量，同时减弱蛋糕内部水分流失，使蛋糕更加湿润。

水浴法的操作重点：

（1）烤盘内的水高1~2厘米，须根据烘烤时间适当增大水量。

（2）盛装蛋糕的模具如果是固底的话，则可以直接放入盛水的烤盘中。如果是活底模具的话，则需要在模具的外部包一层锡纸，或者如本次制作一样，使用小烤盘放在大烤盘里。

操作准备

裁取与椭圆慕斯圈相同大小的油纸，放在模具内部。

制作过程

1. 将冷却好的蛋糕胚取出，撕下油纸，用锯齿刀将其切出厚度约为0.6厘米的圆片。

2. 用椭圆慕斯圈将其压出椭圆形饼底。

3. 将压出的椭圆形饼底放置在椭圆模具底部，椭圆模具置于烤盘内。

4. 将蛋奶糊挤入椭圆模具中，八分满。

5. 将带产品的烤盘放在另一个大烤盘中，并向大烤盘中放入凉水，准备进行水浴式烘烤。

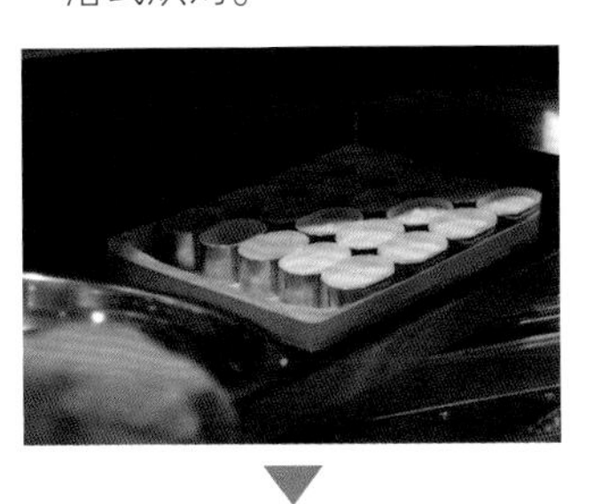

6. 提前预热烤箱温度至上火230℃、下火150℃，产品放入之后，将温度调整为上火220℃、下火0℃烘烤9分钟，之后开风门再烤3分钟。

7. 取出，放置在室温下，冷却后脱模，放入冰箱中冷藏。

白巧克力蛋糕

知识点　脱脂牛奶的使用

白巧克力面糊

材料

- 淡奶油················120 克
- 炼乳···················· 22 克
- 白巧克力··············270 克
- 黄油····················295 克
- 转化糖················· 30 克
- 细砂糖 A··············175 克
- 蛋黄·····················240 克
- 脱脂牛奶·············· 18 克
- 蛋白······················475 克
- 细砂糖 B··············190 克
- 海藻糖················· 45 克
- 低筋面粉··············270 克
- 玉米淀粉·············· 35 克

材料说明

脱脂牛奶

本次产品由日本老师制作，从材料中就不难看出，脱脂奶粉或者牛奶在日本烘焙行业中是比较常用的（尤其是针对面包产品的制作，可以帮助产品烘烤上色更加漂亮）。

从脂肪含量来看，牛奶分为全脂牛奶和脱脂牛奶两大类。蛋糕中的脂肪含量可以防止成品过于干燥，本次制作里其他材料的油脂含量已经非常丰富，所以牛奶的作用主要只是调节稠稀度。

制作过程

1. 将炼乳、淡奶油依次倒入复式奶锅中，用小火加热至沸腾。

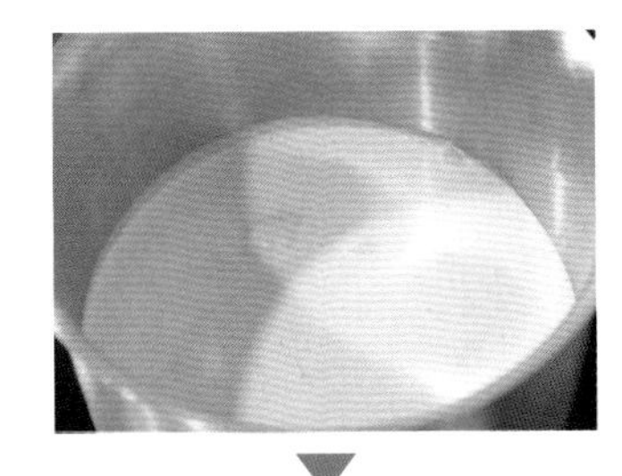

2. 取一半的白巧克力熔化，与另一半未熔化的白巧克力混合，用手动打蛋器搅拌混合。

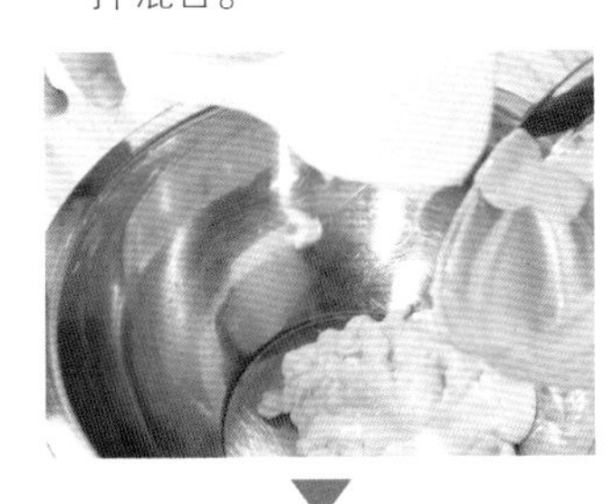

3. 将“步骤 1”倒入“步骤 2”中，用手动打蛋器充分搅拌均匀，至整体细腻浓稠状，放入冰箱冷冻片刻至稍微凝固，取出，备用。

4. 将黄油倒入搅拌缸中，用扇形搅拌器以中速充分搅拌均匀。

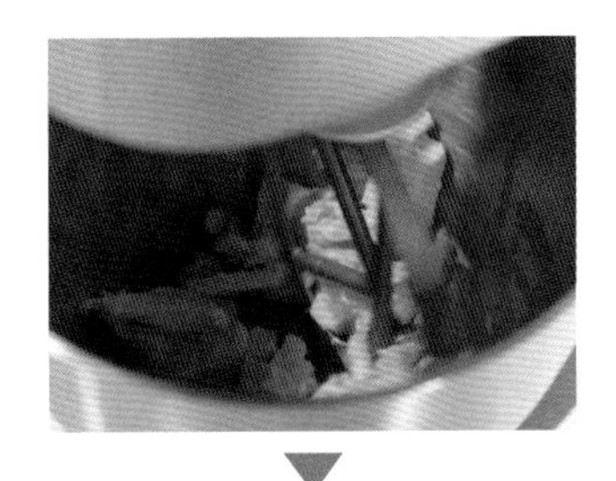

5. 加入转化糖，高速充分搅拌至细腻，再向其加入细砂糖 A，并继续以高速充分搅拌均匀。

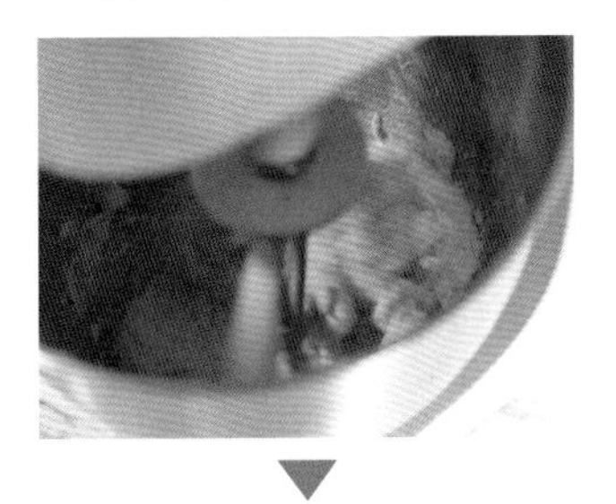

6. 加入 " 步骤 3"，用橡皮刮刀翻拌均匀。

7. 分次加入蛋黄和脱脂牛奶，先中速、后高速打发至浓稠状。

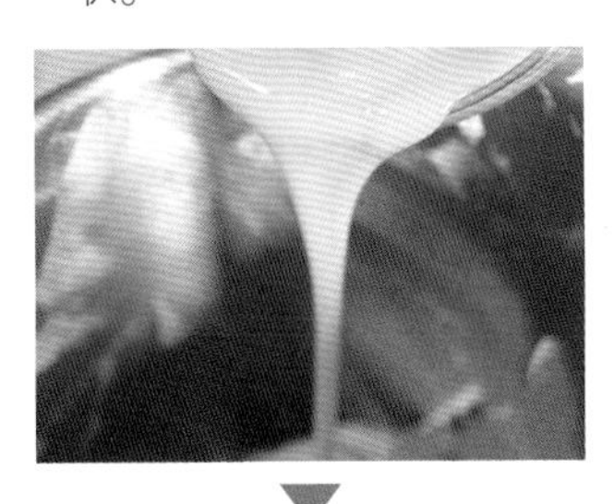

8. 另取一个搅拌缸，依次加入蛋白、细砂糖B、海藻糖，用网状搅拌器先高速、后低速打发至整体呈现硬性发泡。

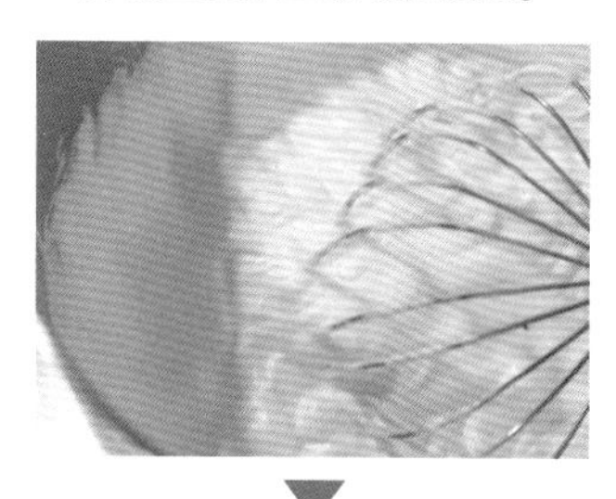

9. 挑取部分打发蛋白霜放进“步骤7”中，用刮刀翻拌均匀。

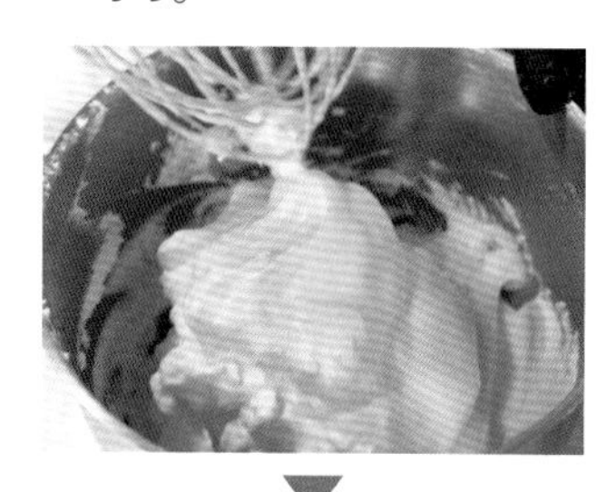

10. 加入一半过筛好的混合粉（低筋面粉和玉米淀粉），边倒入、边翻拌，再加入剩余的蛋白霜，继续翻拌均匀，最后倒入剩余的粉类，继续翻拌均匀。

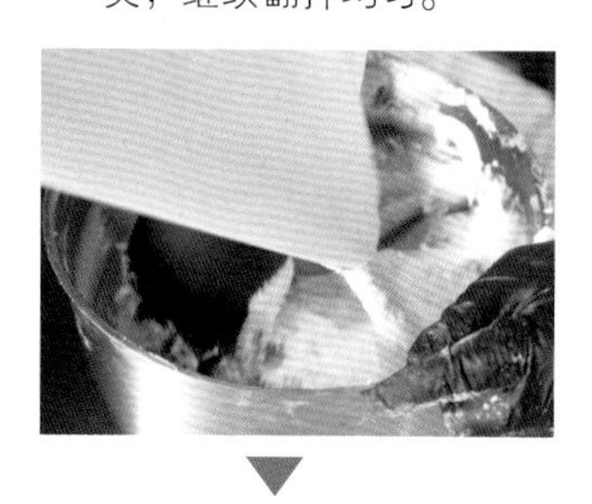

11. 将其倒入铺有硅胶垫的大烤盘上，用曲柄抹刀抹平，入烤箱，以上火160℃、下火120℃烘烤20分钟，再将烤盘前后位置翻转，以上火160℃、下火120℃烘烤12分钟，最后以上火180℃、下火0℃烘烤3分钟（着色）。

12. 取出，倒扣在网架上，室温放置冷却后轻轻地将硅胶垫脱去，放置急冻柜中冷冻。（烘烤温度和时间仅供参考）

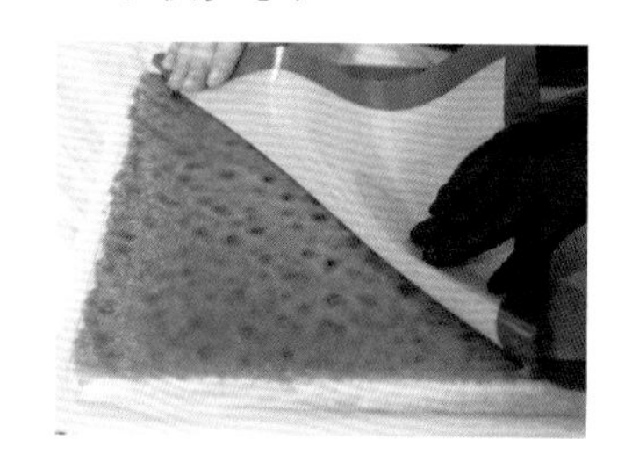

甘纳许

材料

- 淡奶油……………… 65克
- 炼乳…………………… 5克
- 白巧克力…………… 145克
- 君度橙酒…………… 10克

制作过程

1. 将炼乳和淡奶油倒入小奶锅中，小火加热至沸腾，离火。

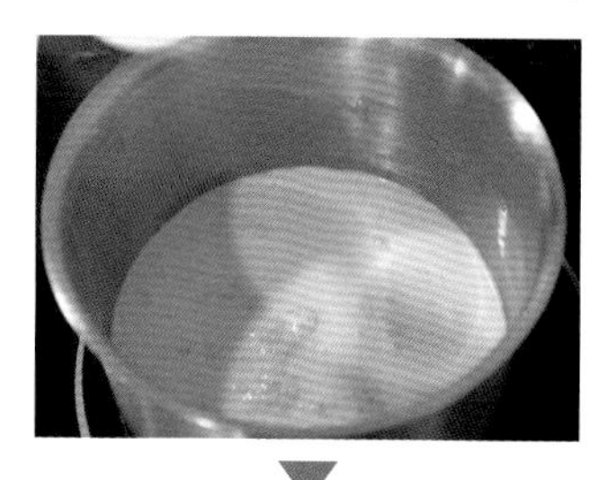

2. 将白巧克力倒入量杯中，缓缓加入“步骤1”，晃动量杯，用手动打蛋器搅拌，使其混合均匀。

3. 加入君度橙酒，用均质机使其充分乳化。

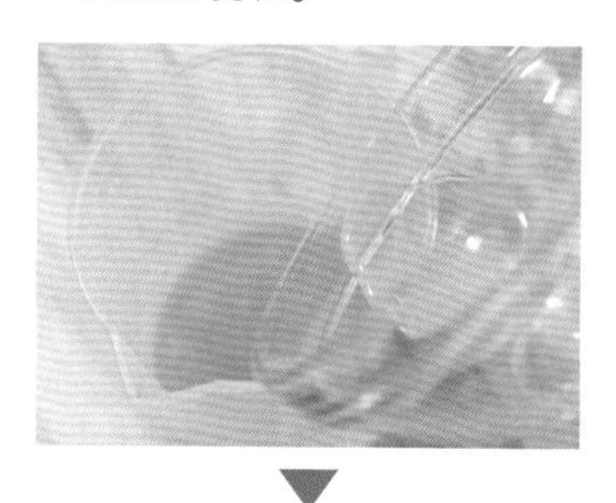

4. 移入盛器中，在表面包上保鲜膜，放入冰箱中冷藏，备用。

组装

制作过程

1. 将白巧克力饼底从急冻柜中取出，用锯齿刀从中间将其分成两半。

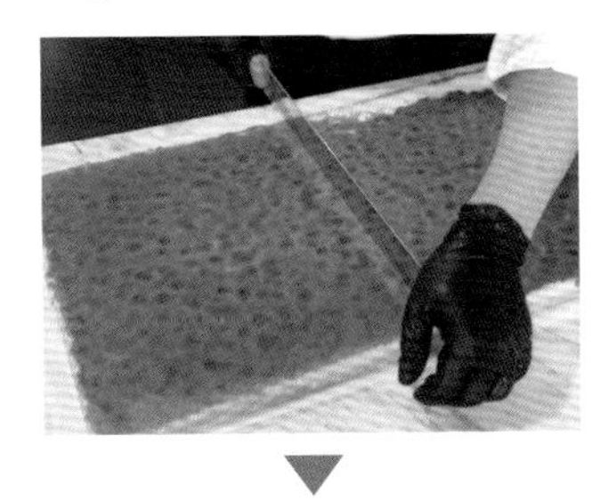

2. 在其中一块饼底未上色的面上均匀涂抹一层甘纳许，然后取出另一半冷冻的饼底盖在其上，上色面朝上（为了使两者贴合得更好，可以在蛋糕最上面盖上一张油纸，将烤盘倒扣在上面压制，放入冰箱中冷藏片刻）。

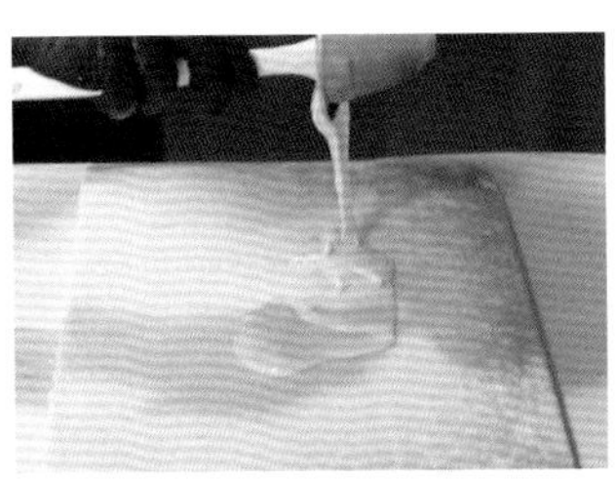

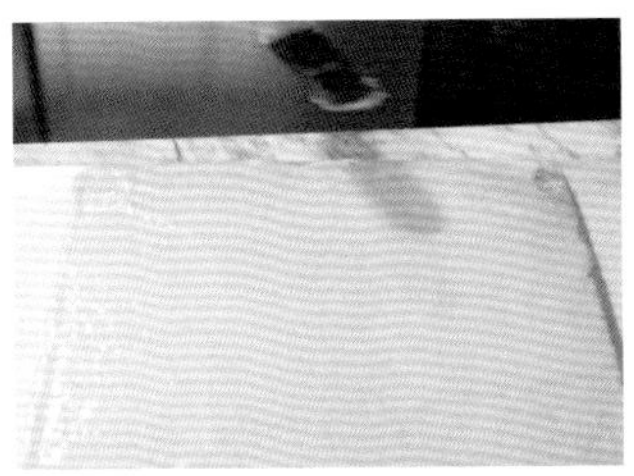

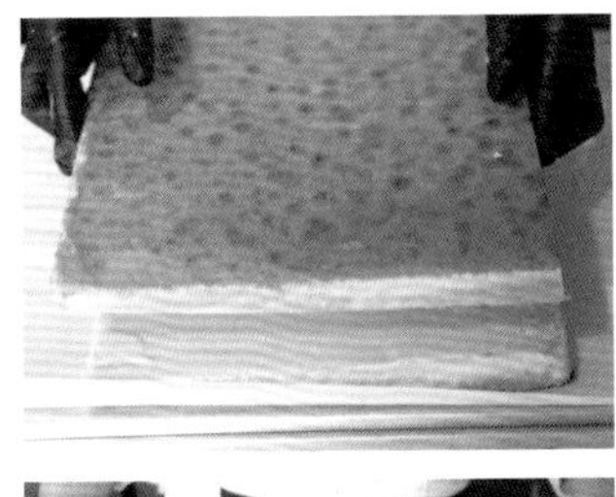

3. 取出蛋糕，用热风枪将蛋糕刀烤热，切除蛋糕的边缘部分，再将蛋糕平均切成块状即可。

黄油玛德琳

知识点 衍生口味的方法
泡打粉、黄油的用法
模具的防粘处理

玛德琳面糊

材料

- 全蛋……………………200 克
- 细砂糖………………165 克
- 海藻糖………………45 克
- 转化糖………………15 克
- 葡萄糖浆……………30 克
- 蜂蜜……………………18 克
- 低筋面粉……………185 克
- 扁桃仁粉……………25 克
- 脱脂奶粉……………7 克
- 泡打粉………………3 克
- 淡奶油………………68 克
- 无盐黄油……………68 克
- 有盐黄油……………68 克

材料说明

本款的材料较复杂

相比一般的玛德琳制作，本次制作材料较复杂。使用了五种糖类，在平衡产品支撑力、湿润度、甜度等方面做了努力。乳制品方面使用了脱脂奶油、淡奶油、无盐黄油和有盐黄油，产品油脂含量比较大。

通过替换材料可衍生多种口味

在原味玛德琳的基础上，可以衍生出多种口味和风格，几种方法如下。

• 原味玛德琳转换成可可玛德琳：用可可粉等量替代低筋面粉即可，替代量根据自己需求。

• 原味玛德琳转换成抹茶玛德琳：用抹茶粉代替部分低筋面粉，替换比是抹茶粉：低筋面粉 =1 ：2。比如原配方中使用低筋面粉为 100 克，取其中 20 克低筋面粉替换成 10 克抹茶粉即可。替代量根据自己需求。

• 原味玛德琳转换成红茶玛德琳：用红茶粉代替部分低筋面粉，替换比是红茶粉：低筋面粉 =1 ：2。替代量根据自己需求。

泡打粉的用量

对于玛德琳制作来说，泡打粉是鼓胀发生的基本因素，也是玛德琳经典的“小肚子”产生的基础之一。

泡打粉的使用量与温度、模具特性（模具的厚度、材质、透气性等）有直接关系。一般情况下，如果使用厚底的或者透气性较好的模具，所需泡打粉的量要增加 50% ~100%；如果使用薄底的或者透气性较差的模具，所需泡打粉的量要适当减少 1/3 左右。具体量需要多实验几次来定。

黄油的温度

黄油的加入会增加产品的醇厚度和香气，是玛德琳制作的必备材料。黄油与面糊混合前，黄油须加热至 40~60℃。面糊总体分量越大，黄油需要的温度也越高；量较小的情况下，40℃左右即可。高温下的黄油黏性弱，流动性较好，

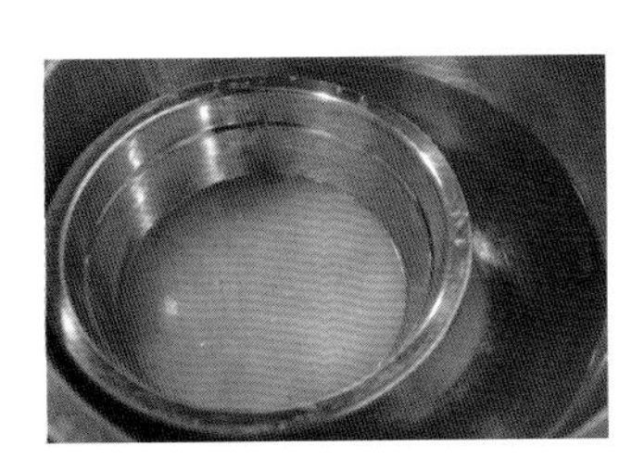

△ 黄油混合物加热至 50℃

与面糊混合时要容易些。同理，面糊的温度如果过低，对黄油的流动性也有影响，所以面糊制作时可适时进行升温工序。

同理，本次制作中葡萄糖浆和蜂蜜的混合物也应隔水加热至 50℃。

△ 葡萄糖浆和蜂蜜加热至 50℃

工具与制作说明

基础打发使用网状搅拌器，基础混合使用刮刀即可。面糊完成后入专业模具，模具的使用有一定的讲究。之后烘烤的温度也是需要注意的。

模具

本次制作使用模具为玛德琳专用模具，为 12 连玛德莲蛋糕模（直径 7.5 厘米）。玛德琳的模具呈贝壳形，这也是玛德琳的别称“贝壳蛋糕”的由来。模具边缘处比较浅，中心内部较深。在产品入烤箱后，高温首先会将边缘处烤熟、固形，内部在成熟过程中，会逐渐膨胀，形成肚子。

为了使产品更好脱模，在模具使用前，需要对模具进行防粘处理，否则蛋糕出炉后产生粘连会影响外形。基本方法是在模具内壁涂抹一层黄油或者喷一层脱模油，也可以在这个基础上追加一层面粉，防粘

效果会更好一点，且能保护酥脆的表层不被破坏。放凉之后，会增加食用的口感层次，因糖分沉淀后酥脆的表层和松软的内馅会使口感形成对比，尝起来不会过于甜腻。

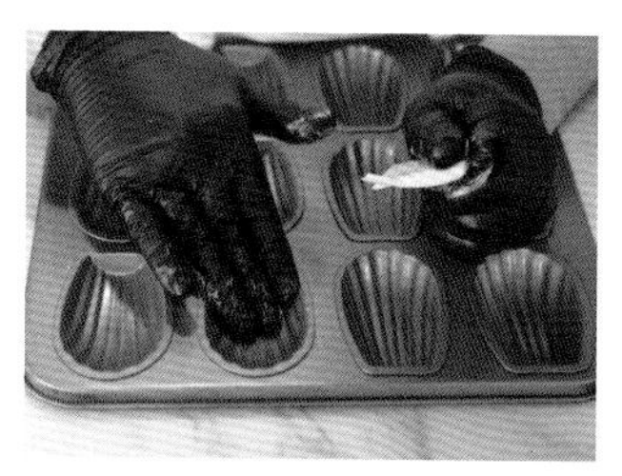

温度

根据模具特点，一般情况下，玛德琳的烘烤基本上都是边缘先固形，之后是中心内部。很好地掌控温度可以维持整体美观度，避免边缘焦煳，避免中心不完全成熟。每个烤箱的特性不一样，使用模具的厚薄度也不同，因此需要每个制作者好好实验调整。本次操作作为参考。

制作过程

1. 将全蛋、细砂糖、海藻糖和转化糖倒入搅拌桶中，混合搅拌均匀并加热至 35℃。

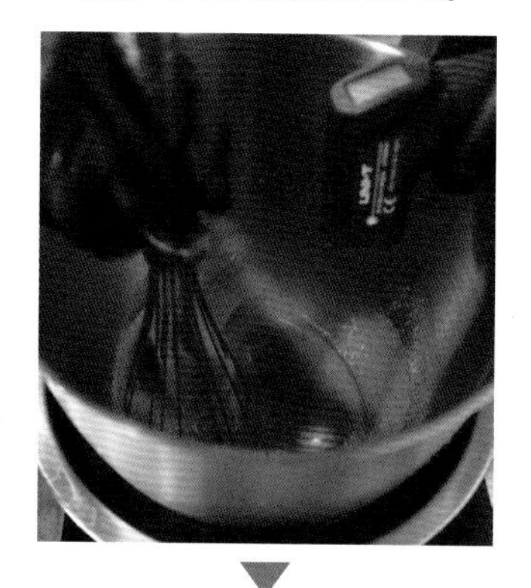

2. 用网状搅拌器开始打发蛋液。

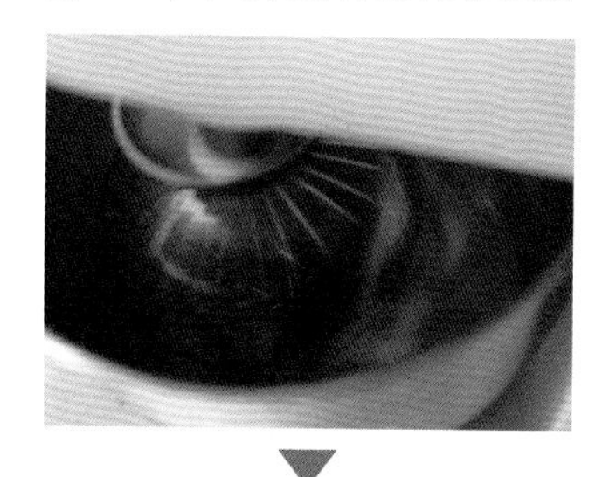

3. 打发至开始变浓稠状后，加入葡萄糖浆和蜂蜜的混合物（50℃），继续打发成细腻的绸缎状。

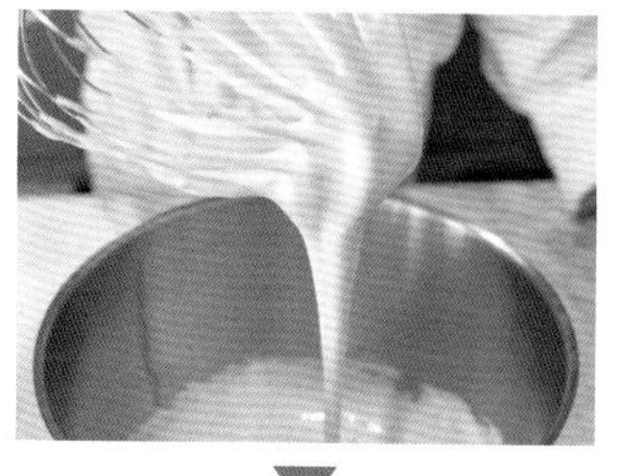

4. 加入粉类混合物，用刮刀快速地翻拌均匀。

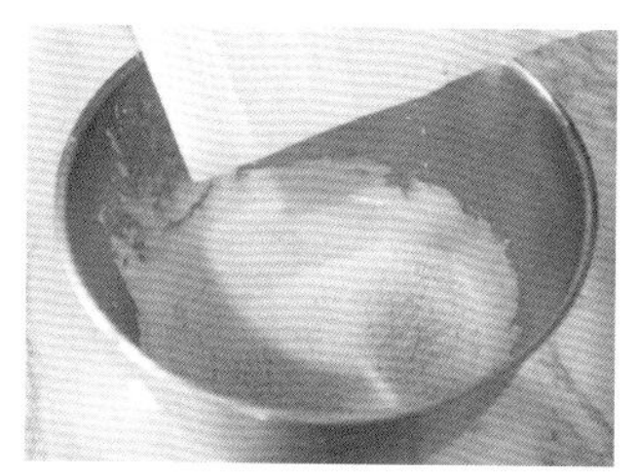

5. 加入淡奶油，依然用刮刀快速翻拌均匀。

6. 加入熔化的黄油混合物，继续用刮刀快速翻拌均匀。

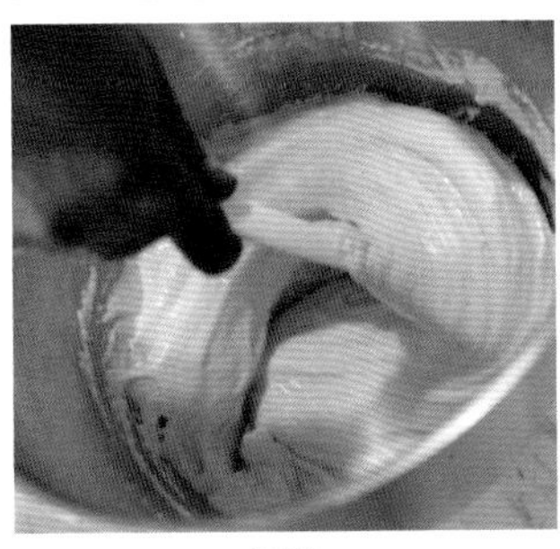

7. 将面糊倒入裱花袋中，挤入处理好的模具中，本次使用的模具每个约挤入 20 克。

8. 入烤箱，以上、下火 160℃烘烤 13 分钟，再将上火转至 180℃、下火转至 150℃继续烘烤 8 分钟并开风门（烘烤时间和温度仅供参考，需根据不同烤箱的特性进行些微调整）。

9. 出炉，正面朝上轻震一下模具，再倒扣，脱模即可。

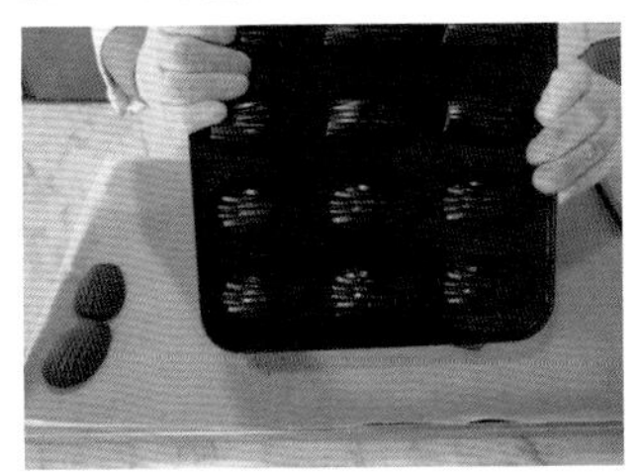

糖浆

材料

- 细砂糖………………… 25 克
- 水……………………… 50 克
- 白兰地………………… 10 克

制作过程

1. 将水和细砂糖倒入锅中，混合搅拌，加热煮沸。

2. 过滤至盛器中。

3. 加入白兰地，混合搅拌均匀，静置冷却。

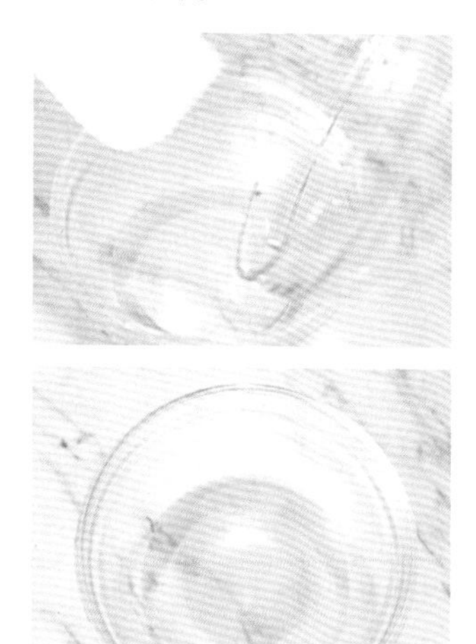

组装

用毛刷将冷却的糖浆刷在玛德琳表面，可以刷两次。

香料面包

知识点 糖衣的制作与使用

材料

- 低筋面粉…………… 32 克
- 高筋面粉…………… 32 克
- 黑麦粉……………… 32 克
- 泡打粉………………… 2 克
- 肉桂粉………………… 2 克
- 混合香料……………… 4 克
- 生姜粉……………… 0.7 克
- 蜂蜜………………… 65 克
- 全蛋………………… 86 克
- 蛋黄………………… 32 克
- 赤砂糖……………… 98 克
- 橙子果酱…………… 32 克
- 黄油………………… 98 克

材料说明

·混合香料是黑胡椒粉、丁香粉、肉果粉、茴芹粉的混合物。

·应提前将黄油隔温水融化。

工具与制作说明

本款产品的制作属于基础产品的混合，不涉及打发，制作较简易。

面糊入模前，需要对模具进行基础处理：在磅蛋糕模具上刷一层黄油，然后粘一层面粉，防粘（具体可参考“黄油玛德琳”的模具处理）。

本次使用的模具尺寸是长 23 厘米、宽 5 厘米、高 6.5 厘米，尺寸供参考。

制作过程

1. 将低筋面粉、高筋面粉、黑麦粉、泡打粉、混合香料、肉桂粉、生姜粉混合过筛到烤纸上。

2. 将全蛋、蛋黄、蜂蜜、赤砂糖倒入盆中，充分搅拌均匀，然后过筛。

3. 将“步骤 1”分次加入“步骤 2”中，搅拌均匀，然后加入熔化的黄油和橙子果酱，搅拌均匀。

4. 将面糊倒入磅蛋糕模具中，至二分之一满，放入风炉中，以 170℃烘烤 30~40 分钟。

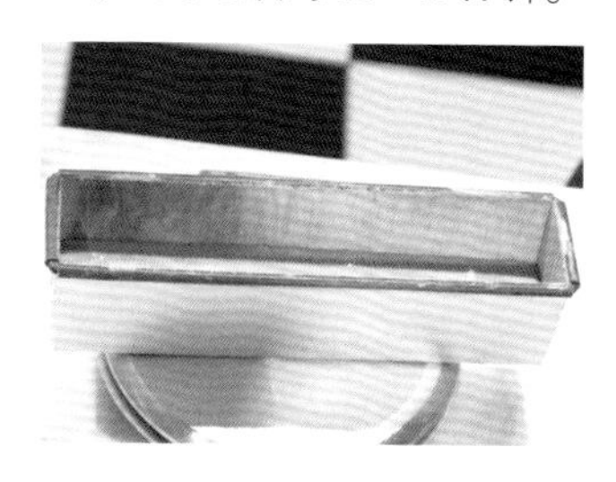

杏子果酱

材料

- 细砂糖 1…………… 72 克
- 葡萄糖浆…………… 36 克
- 水…………………… 20 克
- 杏子果蓉…………… 200 克
- 香草籽酱……………… 少许
- 细砂糖 2…………… 44 克
- NH 果胶……………… 5 克
- 柠檬汁………………… 4 克

制作过程

1. 将细砂糖 1、葡萄糖浆和水倒入锅中，煮至 118℃，关火，加入杏子果蓉和香草籽酱，搅拌均匀。

2. 将“步骤 1”倒入量杯中，加入细砂糖 2、NH 果胶和柠檬汁，用均质机搅拌至细腻光滑。

糖衣

材料

- 糖粉…………………100 克
- 水…………………… 12 克
- 蜂蜜………………… 10 克

制作过程

将所有材料混合，用橡皮刮刀搅拌均匀。

糖衣

糖衣的制作方法很简单，基本上只要混合均匀即可。其作用是帮助产品更好地保湿，并有少许增色效果。

糖衣的制作材料可以分成三类：糖粉、液体原料以及调味产品。其中液体材料可以是水，也可以使用蛋白。调味材料可以是蜂蜜、柠檬汁、酒类等，通过基本搅拌达到一定稠稀度，再作用在产品表面。

糖衣的使用方式与淋面类似。糖衣的口感以甜为主，带有沙质感，不宜过多过厚。

组装

装饰材料

- 糖渍橙皮………………适量
- 糖渍樱桃………………适量
- 开心果…………………适量

制作过程

1. 在香料面包表面刷上一层杏子果酱。

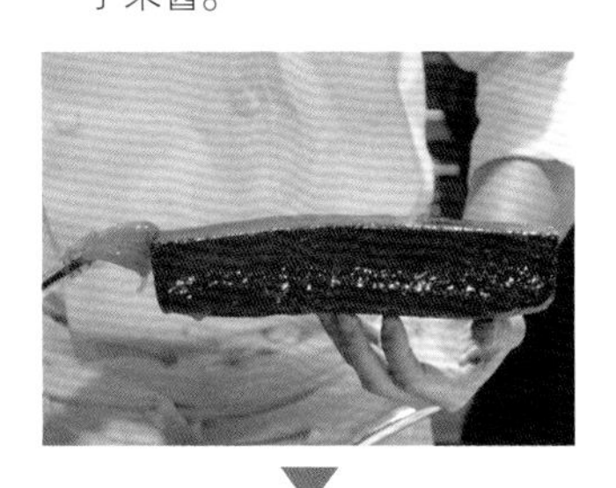

2. 将糖渍橙皮和糖渍樱桃在表面摆放成花的形状，点缀开心果碎。

3. 在表面淋上一层糖衣即可。

巧克力磅蛋糕

知识点 什么是 30 波美度糖浆?
脆皮淋面酱的使用

樱桃酒糖水

材料

- 30 波美度糖浆 ……120 克
- 樱桃白兰地………… 40 克
- 水…………………… 20 克

材料说明

30 波美度糖浆： 糖浆的糖度可以用一个专业的糖度计量单位来表示——波美度（° Bé，简写° B）。其中波美度 30° B 被很多甜点师认为是最合理的糖度，相对应的砂糖浓度在 57% 左右。在这种浓度下，细菌很难生长，且能常温保存，含水量不会使蛋糕太湿润，也不易结晶。

制作过程

将所有材料混合，拌匀即可。

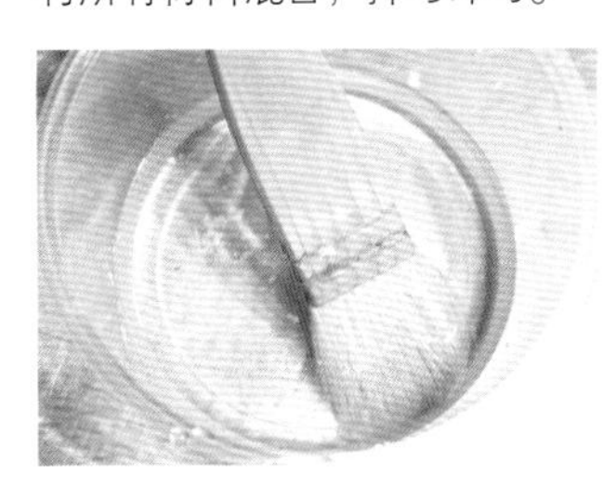

巧克力蛋糕面糊

材料

- 发酵黄油……………281 克
- 细砂糖………………198 克
- 蜂蜜………………… 56 克
- 盐……………………… 1 克
- 55% 黑巧克力 …… 56 克
- 可可酱砖…………… 31 克
- 全蛋…………………198 克
- 低筋面粉……………200 克
- 可可粉……………… 48 克
- 泡打粉……………… 2.8 克
- 樱桃罐头……………250 克
- 樱桃白兰地………… 15 克

材料说明

·发酵黄油： 在乳酸菌等发酵菌种作用下，黄油逐渐酸化后经过加工而制作成的带有特殊香味的黄油品类（详细黄油介绍请看“焦糖萨布雷”）。本配方中的发酵黄油使用温度为 20~21℃。

·本配方中的黑巧克力须与可可酱砖混合，隔水熔化至 40℃使用。

制作过程

1. 将发酵黄油、蜂蜜、盐和细砂糖加入搅拌桶中，使用扇形搅拌器先低速混合均匀，再高速搅打至发白。

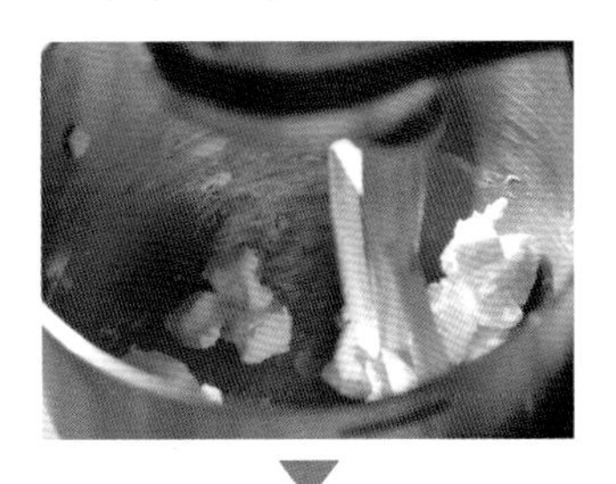

2. 先将黑巧克力与可可酱砖的混合物倒入“步骤 1”中，搅拌均匀，再分次加入全蛋，低速混合均匀即可。

3. 将混合过筛的粉类（低筋面粉、可可粉和泡打粉）加入“步骤 2”中，用橡皮刮刀翻拌均匀，避免过度搅拌产生面筋。

4. 将樱桃罐头中的樱桃取出，切碎，先用厨房用纸吸干水分，再将其放入盆中，加入樱桃白兰地，搅拌均匀，最后将混合物加入“步骤 3”中，混合拌匀。

5. 将面糊放入模具中，至六七分满，先将其用橡皮刮刀抹平，再将其轻震，入烤箱，以上、下火 165℃烘烤约 40 分钟。

淋面

材料

- 牛奶巧克力脆皮淋面酱 ……………………………900 克
- 70% 黑巧克力 ……360 克
- 色拉油……………… 90 克

材料说明

- 色拉油在本次制作中的主要作用是调节稠稀度。
- 牛奶巧克力脆皮淋面酱是成品材料，可以直接购买，其主要配料是白砂糖、代可可脂、可可粉和乳糖等，其可以直接熔化再作为淋面使用，方便快捷。脆皮淋面酱多见有黑巧克力、牛奶巧克力、白巧克力等口味。

制作过程

先将所有材料倒入盆中，边搅拌、边隔热水熔化至 40℃，再覆上保鲜膜，备用。

装饰

材料

- 金箔……………………适量

制作过程

1. 先将烘烤好的蛋糕面糊取出，脱模，在其表面及四周刷上樱桃酒糖水，待其完全冷却，将其浸在淋面中，再去除边缘多余的淋面。

2. 待其稍微凝固，在表面点缀少许金箔即可。

黄油的操作温度

做含有大量黄油的产品时，注意黄油的操作温度不能过高，因为黄油熔化后，很难再进行乳化，所以，其加入的原材料本身温度不可过高，也不可过度搅拌。

淋面技巧

磅蛋糕做好后，用保鲜膜将其全面包裹起来，放在冰箱中冷藏放置一夜，再对其进行淋面，口感效果会更好。

栗子蛋糕

知识点　杏仁膏的使用

蛋糕面糊

材料

- 全蛋…………………100 克
- 杏仁膏………………175 克
- 黄油…………………75 克
- 砂糖…………………25 克
- 香草荚………………1/3 根
- 栗子碎粒……………150 克
- 朗姆酒………………7.5 克
- 低筋面粉…………12.5 克

材料说明

香草荚与香草籽： 甜品制作中常用到的芳香植物，壳中包裹着籽。在烘焙制作中，有的是取籽使用；有的是带壳一起使用，后期过滤去除。香草籽可根据需求保留在产品中，增加产品的口感层次。

△ 香草荚取籽

栗子碎粒： 市售品牌中常用的是“安贝法式褐色栗子碎粒”，其制作配料使用板栗、白砂糖、水和香草荚酱，带有特殊的风味。

杏仁膏： 也常被称为扁桃仁膏，可以用于烘焙制作或者烘焙装饰。其主要配料是杏仁/扁桃仁、砂糖、糖浆、山梨糖醇、山梨酸钾等，配置材料和比例不同，杏仁膏呈现的质地和颜色会有很大的不同。本次制作使用的是丹麦奥登牌原色杏仁膏，颜色偏白；有的杏仁膏会偏黄。不同的品牌口感和质地会不同。

△ 50% 杏仁膏

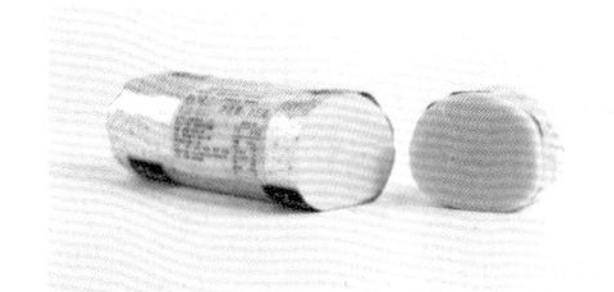

△ 原色杏仁膏

制作过程

1. 取一部分全蛋液，将其分次加入软化好的杏仁膏（微波炉加热软化）中，先用刮刀将二者混合，搅拌至顺滑，再将其加入搅拌桶中，用扇形搅拌器搅拌均匀，将其取出，放入盆中。

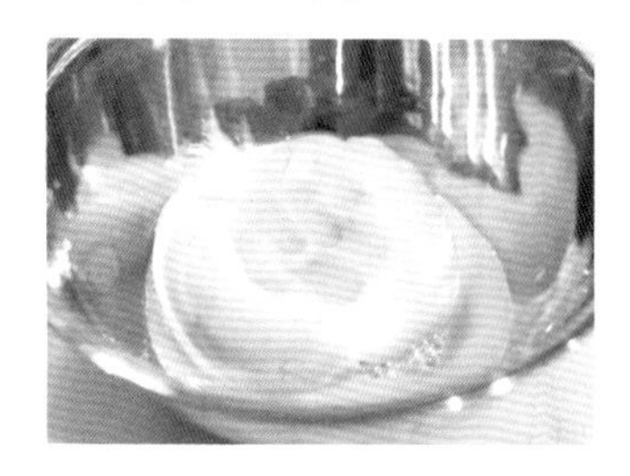

2. 将软化黄油、砂糖和香草籽放入另外一个搅拌桶中，用扇形搅拌器搅打至发白状态。

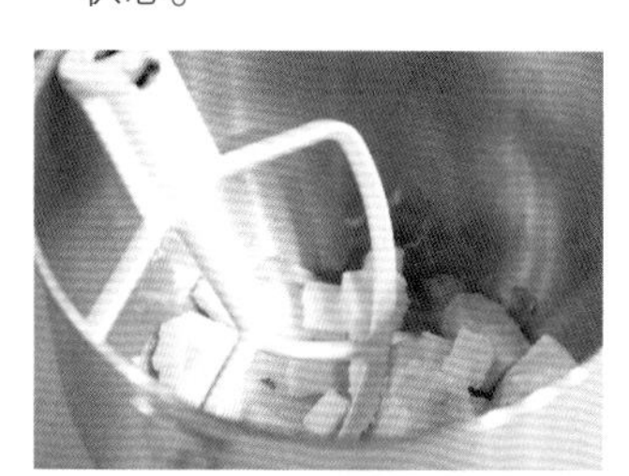

3. 边搅拌边将“步骤 1”分两次加入“步骤 2”中，搅拌均匀。

4. 缓慢加入剩余的全蛋液，继续混合拌匀。

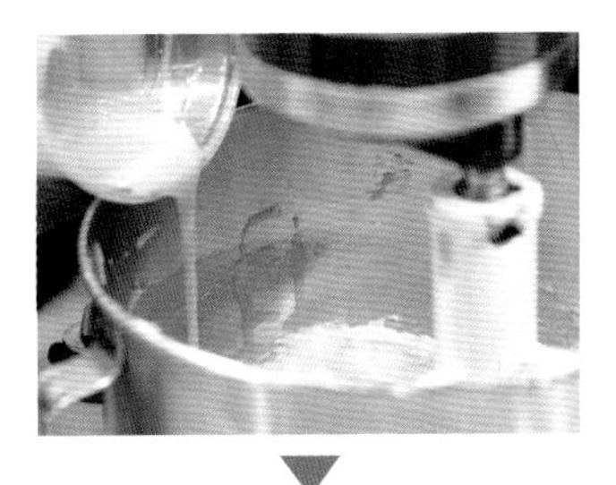

5. 将栗子切得再碎些，加入朗姆酒，翻拌均匀。

6. 先将“步骤5”加入“步骤4”中，以中速搅拌均匀，再加入过筛的低筋面粉，用刮刀混合拌匀即可。

酥粒

材料

- 黄油…………………… 50克
- 低筋面粉…………… 50克
- 杏仁粉……………… 50克
- 糖粉………………… 45克
- 香草粉…………………1克
- 香草浓缩液……………1克

制作过程

1. 将所有材料放入搅拌桶中，混合，以中低速搅拌均匀，呈粉末状。

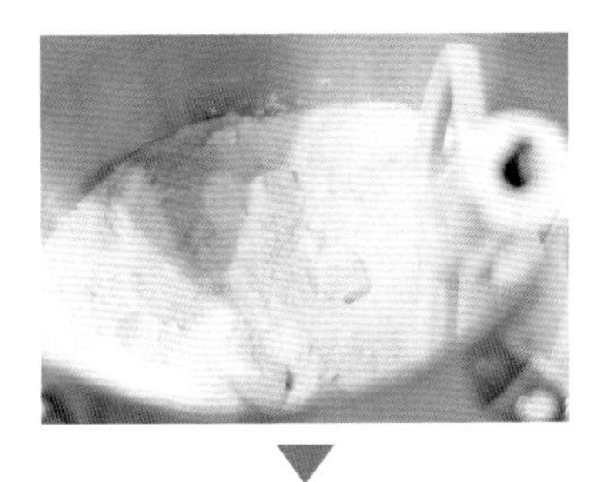

2. 取出，揉捏成团，放在网筛或者带孔网架上，用手将其碾压成颗粒状，撒在烤盘垫上，入冰箱冷冻定型即可。

组装烘烤

材料

- 防潮糖粉………………适量

制作过程

1. 先在模具上喷一层脱模油，再将蛋糕面糊注入模具中，至七分满。

2. 在“步骤1”表面撒冷冻好的酥粒，至九分满，入风炉，以170℃烘烤约28分钟。

3. 将其取出，冷却，脱模，在表面筛一层防潮糖粉即可。

法式咸蛋糕

知识点 埃达姆奶酪

蛋糕

材料

- 黑橄榄………………20 克
- 培根…………………20 克
- 半干西红柿…………25 克
- 干燥迷迭香…………1.5 克
- 全蛋…………………120 克
- 盐……………………1.7 克
- 研磨黑胡椒…………0.5 克
- 牛奶…………………100 克
- 橄榄油………………40 克
- 埃达姆奶酪…………100 克
- 低筋面粉……………110 克
- 泡打粉………………5 克
- 洋葱粉………………3 克
- 蒜粉…………………3 克

材料说明

·面对材料比较复杂的产品制作，需要做好材料的预处理和分装的准备，才能在制作中更好更快地加工。本次制作前可以做以下准备：将盐和黑胡椒碎称放在一起；蒜粉和洋葱粉称放在一起；泡打粉和低筋面粉称放一起，并过筛；奶酪切碎使用，等等。

·埃达姆奶酪：属于荷兰干酪的一种。奶酪的英文为“cheese”，其音译词有许多，比如起司、芝士。“干酪”可以通俗地理解为“水分比较少的一类奶酪”。不同风味的奶酪会有不同的使用场景，主要根据奶酪的风味、质地等来选择。

本次使用的埃达姆奶酪滋味浓郁、温和，是荷兰的代表性干酪，成熟后坚硬干燥，比较适合制成粉状或者碎状干酪。本次须用刀将奶酪切成碎粒状备用。可以使用其他奶酪代替。

△ 奶酪碎

·橄榄油：属于植物油，取材于新鲜的油橄榄果实，采用冷榨方式制成，保留了原材料的天然营养成分。本次制作使用橄榄油而没有使用黄油，主要在于植物油可以使口感更加湿润。橄榄油、黄油风味各有千秋。

工具与制作说明

本次制作属于基础混合，不涉及打发，面糊会呈现出一定的颗粒状，风味和口感比较独特。模具选用的是方形硅胶连模。

制作过程

1. 将黑橄榄、培根、半干西红柿切碎、干燥迷迭香混合拌匀，备用。

2. 将全蛋放入盆中，加入盐、黑胡椒、牛奶和橄榄油，使用手动打蛋器混合拌匀。

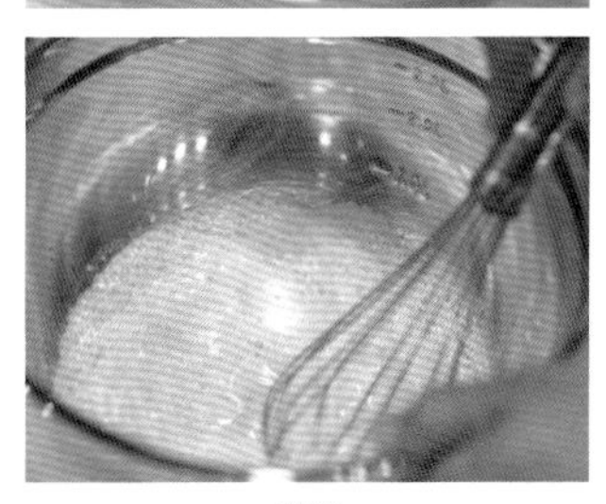

3. 将奶酪碎、泡打粉和低筋面粉加入“步骤 2”中，混合拌匀。

4. 将其他剩余材料加入“步骤3”中，混合拌匀即可，不用打发。

5. 在模具表面喷一层脱模油，面糊装入裱花袋中，挤入模具中至七分满，稍微振平，入风炉，以 190℃烘烤 10 分钟。

6. 将其取出，倒扣在网架上，脱模。

本配方有料理面糊的性质，可根据个人口味添加其他辅料。

装饰

材料

- 黑橄榄……………………适量
- 半干番茄………………适量

制作过程

将黑橄榄和半干番茄插在竹签上，再将竹签插在完全冷却的蛋糕上作装饰。

榛果酱的胜利

知识点 按照图案挤出面糊形状

扁桃仁饼底

材料

- 糖粉 1……………… 335 克
- 扁桃仁粉…………… 335 克
- 低筋面粉…………… 135 克
- 蛋白………………… 450 克
- 细砂糖……………… 375 克
- 扁桃仁碎………………适量
- 糖粉 2（装饰）………适量

材料说明

本次制作材料中无蛋黄和黄油等油脂材料，含糖量比较高，成品比较脆。带有碎状的扁桃仁，食用乐趣比较高。

工具与制作说明

使用网状搅拌器对蛋白进行打发，加入粉类后，使用刮刀进行翻拌均匀，入带有裱花嘴的裱花袋中，按照图案挤出花型面糊。图案可以预先在电脑上设计好后打印出来，或者在纸上手绘。图案到纸上后，再覆上油纸，利用油纸的透明度依样挤出花型。

制作过程

1. 将扁桃仁粉和低筋面粉混合过筛，再倒在油纸上，与糖粉 1 混合搅拌均匀。

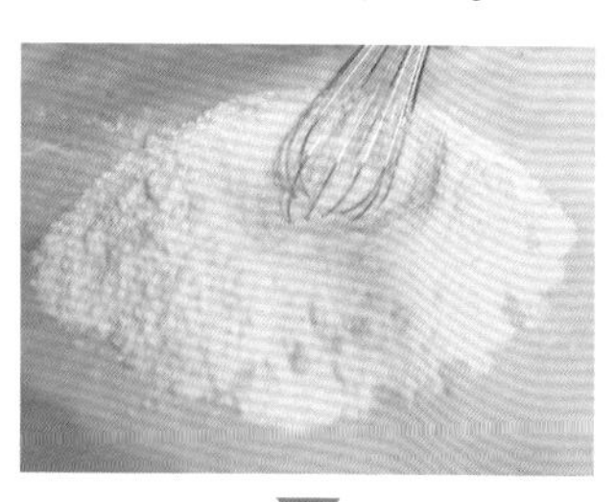

2. 将蛋白和一半的细砂糖放入搅拌桶中，先低速搅打至细砂糖溶化，再中高速搅打至有明显纹路，加入剩余的一半细砂糖，搅打至干性发泡，制成蛋白霜，取出、放入盆中。

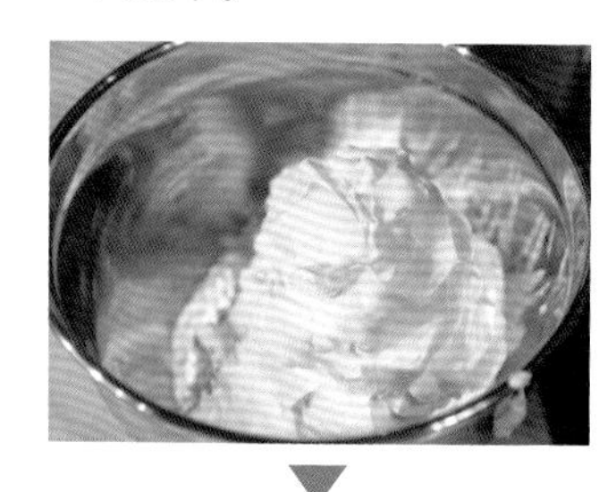

3. 将“步骤 1”倒入“步骤 2”中，边加入、边用橡皮刮刀翻拌均匀，制成面糊，装入带有圆嘴的裱花袋中。

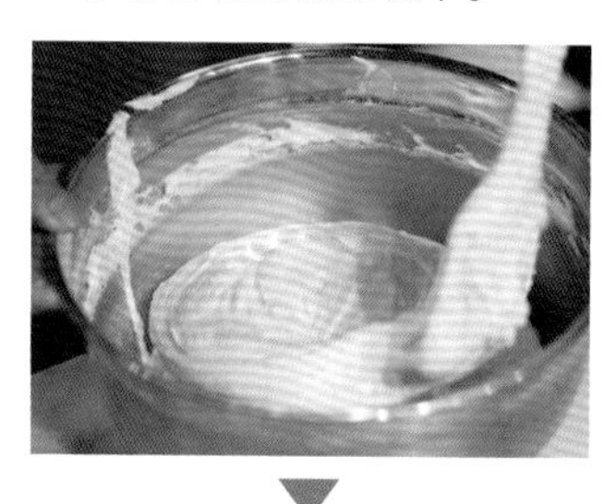

4. 在打印了花瓣形图案的纸上盖上半透明的烘焙纸（油纸）。

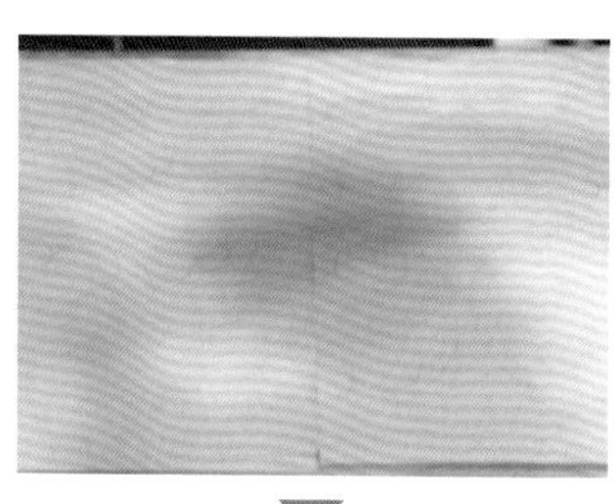

5. 将面糊沿着图案依次挤制（先挤边缘，再挤中间），直至将其花型挤满。

6. 将“步骤 5”转移到烤盘中，再在其表面撒一层扁桃仁碎。

7. 在表面过筛一层糖粉 2，再将其放入温度为 165℃的风炉中，烘烤约 20 分钟，最后将其取出，冷却降温。

延伸：也可以挤出较小型的花朵样式。小型花朵的烘烤温度和时间需要适当调低。

榛果黄奶油

材料

- 牛奶……………………186 克
- 细砂糖………………465 克
- 全蛋……………………115 克
- 黄油……………… 1100 克
- 葵花籽油…………… 75 克
- 50%扁桃仁榛果酱…750 克

材料说明

· 本配方中的黄油须软化后使用。

· 50%扁桃仁榛果酱：由白砂糖、扁桃仁、榛子与食用香精混合制作而成的具有复合风味的产品，可以直接购买。

制作过程

1. 将牛奶和细砂糖倒入锅中，以中火加热至沸腾状态。离火，缓慢加入全蛋，并不停地搅拌，完成后重新开火，使用小火煮至83~85℃。

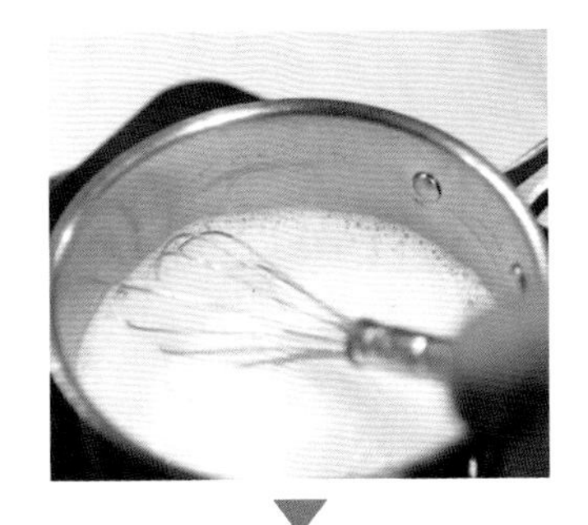

2. 将“步骤 1”加入搅拌桶中，用网状搅拌器进行中高速搅打，至温度下降到35℃。

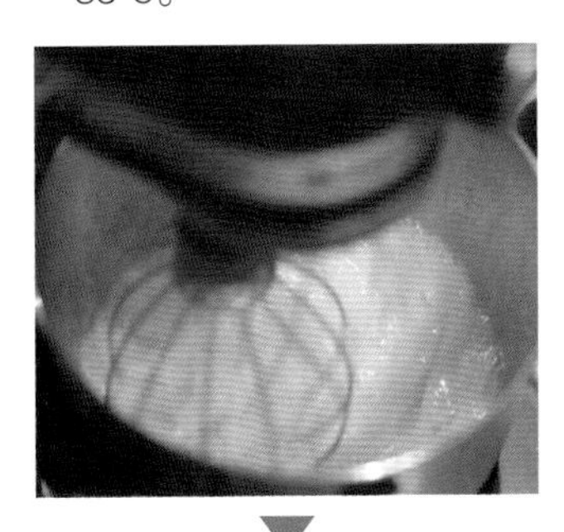

3. 将软化黄油分次加入“步骤2”中，以中高速搅打至材料混合均匀。

4. 将榛果酱分两次加入“步骤3”中，搅拌均匀。

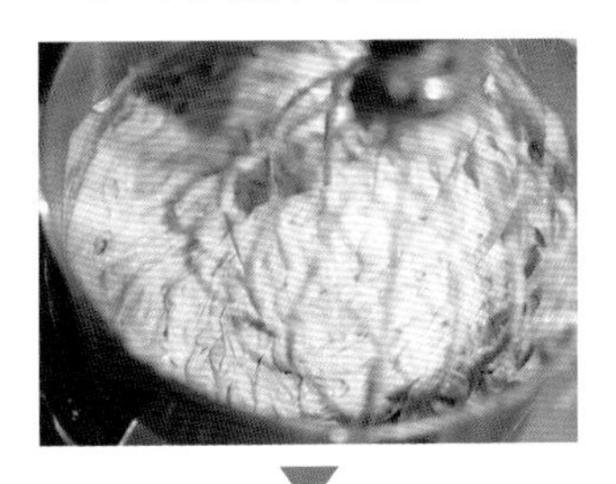

5. 边搅拌边加入葵花籽油，混合拌匀，制成榛果黄奶油。

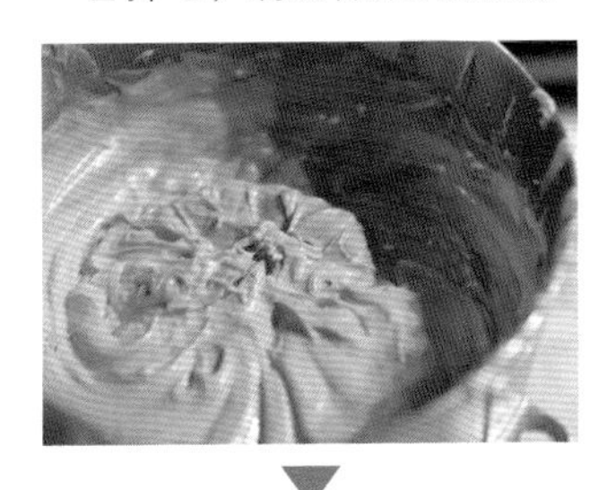

6. 将榛果黄奶油放入冰箱中冷藏降温。使用时再将其取出，稍微搅打，后期挤制时才不容易塌陷。

组合装饰

材料

- 50% 榛子酱 …………适量
- 巧克力装饰件…………适量

制作过程

1. 将榛果黄奶油装入带有圆嘴的裱花袋中，依次在一片扁桃仁饼底的正面花瓣上挤出球形。

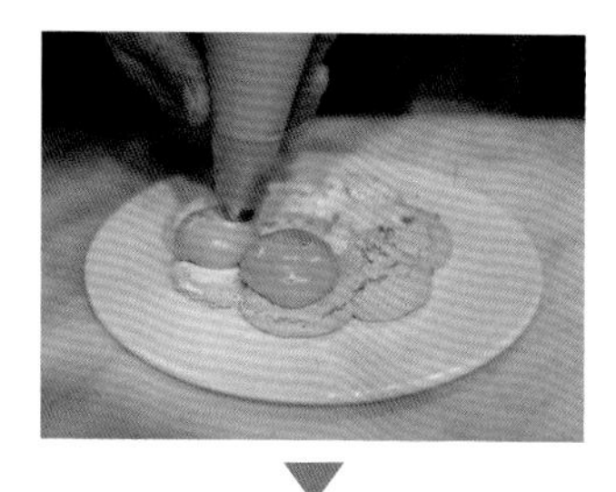

2. 将 50% 榛子酱装入裱花袋中，再将裱花袋尖嘴依次插入"步骤 1"的榛果黄奶油中心挤出榛子酱。

3. 再在中心外围的缝隙处挤一圈 50% 榛子酱。

4. 再在"步骤 3"的缝隙上挤上一层榛果黄奶油，与周围保持齐平。

5. 将另外一片扁桃仁饼表面朝上盖在"步骤 4"上。

6. 在"步骤 5"的表面挤少许榛果黄奶油。

7. 将直径 5 厘米的巧克力装饰件放在"步骤 6"的榛果黄奶油上，再将其放入冰箱中冷冻定型。

延伸

小型产品装饰

1. 将扁桃仁饼底(小型)取出，在表面的花瓣处依次挤上榛果黄奶油。

2. 在中心处挤满榛子酱。

3. 再盖上另外一片扁桃仁饼底(表面朝上)。

4. 在表面中心处挤上榛果黄奶油。

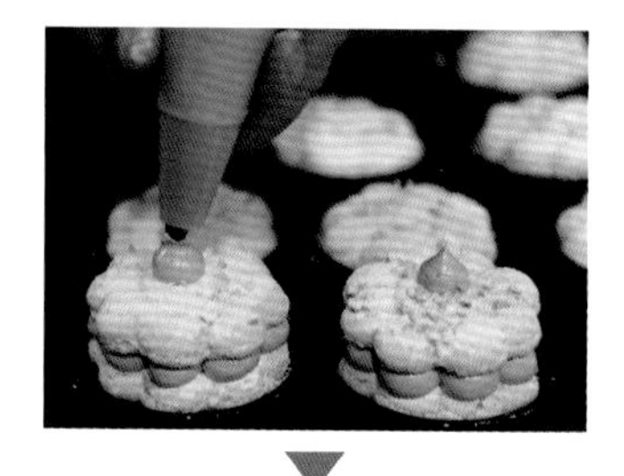

5. 放上直径为 3.5 厘米的巧克力圆形装饰件即可。

布朗尼

材料

- 全蛋液………………127 克
- 细砂糖………………254 克
- 黄油…………………127 克
- 黑巧克力……………127 克
- 低筋面粉…………… 43 克
- 可可粉……………… 16 克
- 香草粉……………… 0.4 克
- 夏威夷果碎…………127 克
- 盐……………………… 1 克

材料说明

本次制作属于基础混合，不涉及打发，形成面糊后入模具中，进行烘烤。

黄油和黑巧克力在使用前需要先熔化。

工具与制作说明

使用测温枪对蛋液加热进行测温；使用刮刀对产品进行基础混合操作。本次使用模具是方形框模，可以根据实际情况变换使用。

制作过程

1. 将全蛋液和细砂糖混合，隔水加热至 40℃。

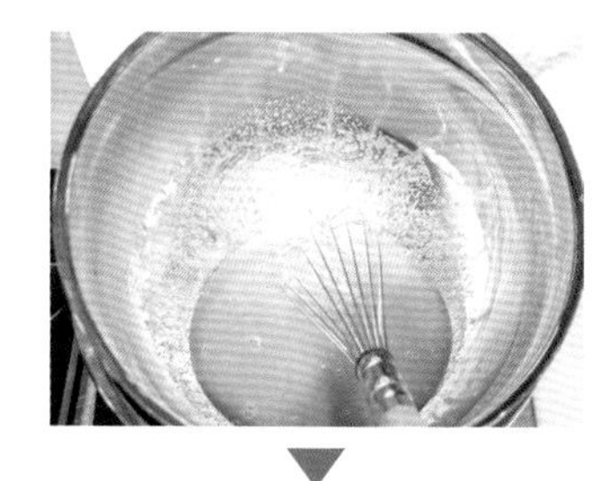

2. 加入熔化的黄油和黑巧克力，搅拌均匀。

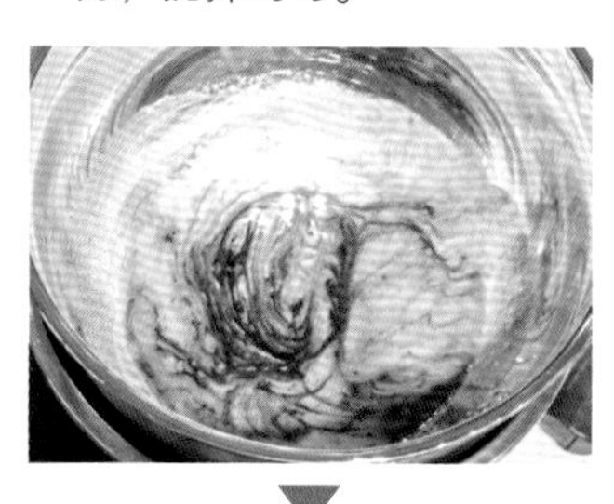

3. 加入过筛的低筋面粉、香草粉、可可粉、盐和夏威夷果碎，搅拌均匀。

4. 将面糊倒入垫有硅胶垫的方形模具中，入烤箱以 180℃烘烤 10 分钟。

5. 出炉，脱模，待凉。在表面部分区域筛上少许可可粉进行装饰，用锯齿刀将整体切成合适大小的蛋糕块（本次制作大小为：3 厘米宽、8 厘米长）。

巧克力果干磅蛋糕

混合果干

材料

- 糖渍橙皮丁…………150 克
- 葡萄干………………150 克
- 西梅…………………80 克
- 肉桂…………………半根
- 柑曼怡力娇酒………200 克

制作过程

将所有材料混合，盖上保鲜膜，放入冰箱中冷藏一晚，使用时沥干水分，备用。

磅蛋糕

材料

- 糖粉…………………327 克
- 低筋面粉……………266 克
- 泡打粉………………7 克
- 可可粉………………61 克
- 全蛋液（40℃）……229 克
- 黄油（60℃）………287 克
- 混合果干……………300 克

材料说明

全蛋液与黄油在使用前，需要加热至指定的温度。

工具与制作说明

混合果干分两部分与面糊融合，第一部分使用料理机混合，第二部分使用刮刀混合，保持颗粒感。本次模具使用尺寸为长 13 厘米、宽 5 厘米、高 5 厘米，仅供参考。

制作过程

1. 将糖粉、低筋面粉、泡打粉和可可粉倒入料理机中，搅拌均匀。加入全蛋液，搅拌均匀，再加入黄油拌匀。

2. 加入 100 克混合果干，用料理机搅拌均匀。

3. 取出倒入盆中，加入剩余的混合果干，用橡皮刮刀搅拌均匀。

4. 将面糊装入裱花袋中，挤入磅蛋糕模具中至七分满，放入烤箱中，以上、下火160℃烘烤 30 分钟左右。

柑曼怡糖浆

材料

- 水……………………500 克
- 细砂糖………………250 克
- 柑曼怡力娇酒………150 克

制作过程

将所有材料混合，搅拌均匀。

巧克力脆面淋面

材料

- 黑巧克力……………250 克
- 黑巧克力脆皮淋面酱
………………………… 1000 克
- 色拉油………………… 25 克
- 杏仁碎………………125 克

制作过程

将黑巧克力隔水加热熔化，加入巧克力脆皮淋面酱、色拉油和杏仁碎，用刮刀搅拌均匀。

组合

制作过程

1. 将磅蛋糕的上半部分蘸上柑曼怡糖浆，放在网架上稍微晾干（由于重力的作用，糖浆会由上至下渗透）。

2. 在磅蛋糕的表面蘸上一层巧克力淋面，放在常温下凝固即可。

蒂格蕾

知识点 焦黄油

蒂格蕾饼底

材料

- 蛋白……………………300 克
- 细砂糖………………165 克
- 蜂蜜…………………… 15 克
- 盐……………………… 0.5 克
- 糖粉……………………165 克
- 扁桃仁粉…………… 75 克
- 榛子粉……………… 75 克
- 低筋面粉……………120 克
- 泡打粉…………………2 克
- 无盐黄油……………300 克
- 耐高温巧克力豆……110 克
- 牙买加朗姆酒……… 10 克

工具与制作说明

使用手动打蛋器对基础材料进行混合，使用萨瓦林硅胶模具定型烘烤，入模前，在模具内部抹上一层黄油。

制作过程

1. 将蛋白、细砂糖、蜂蜜和盐倒入盆中，隔热水搅拌均匀。

2. 加入过筛的糖粉、扁桃仁粉、榛子粉、低筋面粉、泡打粉，用打蛋器搅拌均匀。

3. 将无盐黄油熬成焦黄油，再降温至 70℃，加入“步骤 2”中搅拌均匀。

4. 当面糊温度降至 30~35℃时，加入耐高温巧克力豆和牙买加朗姆酒拌匀，装入裱花袋中，注入萨瓦林硅胶模具中至八分满。

5. 将模具放入风炉中，以 190℃烘烤 15 分钟，出炉。

焦黄油的主要制作方法：将黄油加热熔化，并持续加热至产生焦糊香气，颜色变为深褐色，离火。为了防止锅壁的余温对黄油液体产生进一步的影响，可以在离火后隔冰水降温。

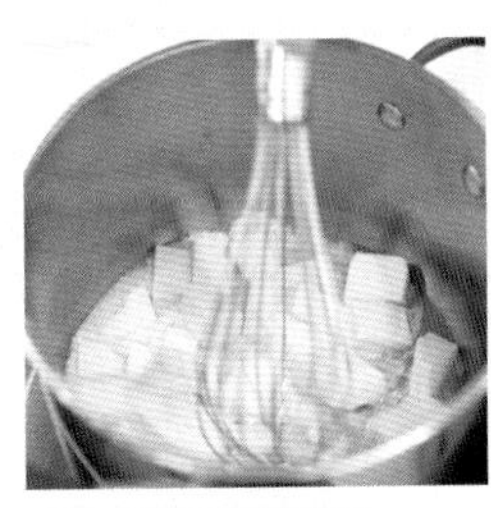

△ 焦黄油

巧克力甘纳许

材料

- 淡奶油 ………………450 克
- 转化糖 ……………… 15 克
- 黑巧克力 ……………400 克
- 牛奶巧克力 …………100 克

制作过程

将淡奶油和转化糖加热至70℃，冲入黑巧克力和牛奶巧克力的混合物中，搅拌均匀。

组合

制作过程

蒂格蕾饼底出炉冷却后，在中心注入巧克力甘纳许。

巧克力熔岩蛋糕

榛果甘纳许

材料

- 淡奶油……………………843 克
- 玉米淀粉………… 21.6 克
- 牛奶巧克力…………378 克
- 黑巧克力……………189 克
- 杏仁酱……………… 54 克
- 50% 榛子酱 ………432 克

制作过程

1. 将淡奶油和玉米淀粉倒入锅中，边搅拌边加热，煮至沸腾。

2. 将牛奶巧克力、黑巧克力、杏仁酱、榛子酱倒入量杯中，加入“步骤 1”，用均质机搅拌均匀。

3. 将“步骤 2”装入裱花袋中，挤入直径 4 厘米的硅胶模具中，放入速冻柜中冷冻至硬。

巧克力面糊

材料

- 蛋白……………………228 克
- 蛋白粉…………………… 3 克
- 细砂糖………………… 90 克
- 黑巧克力……………300 克
- 发酵黄油…………… 45 克
- 蛋黄…………………… 48 克
- 低筋面粉…………… 33 克

制作过程

1. 将蛋白、蛋白粉、细砂糖倒入搅拌桶中，开始打发。

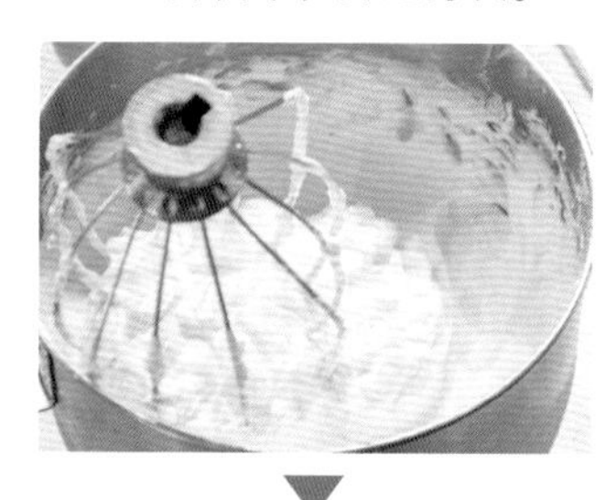

2. 将黑巧克力和发酵黄油混合，隔温水熔化，加入蛋黄、低筋面粉搅拌均匀。

3. 将“步骤 1”分次加入“步骤 2”中，搅拌均匀。

甘纳许

材料

- 淡奶油………………130 克
- 牛奶……………………100 克
- 山梨糖醇………… 17.5 克
- 寒天粉……………… 5.3 克
- 牛奶巧克力…………112 克
- 黑巧克力……………112 克
- 幼砂糖……………… 34 克
- 无盐黄油…………… 22 克

材料说明

寒天

寒天是先从藻类中提取黏性物质，再加工制成的一类膳食纤维，属于天然凝结剂。

寒天的做法来自琼脂，是由琼脂经过再加工除去水分而制成的高纤维产品，可以简单理解为：寒天 + 水 = 琼脂。根据寒天含水量的高低，寒天又分为高强度寒天和低强度寒天，具体使用时要根据产品质量对用量进行增减。

制作过程

1. 将牛奶、淡奶油、寒天、山梨糖醇倒入锅中煮沸，降温至 70℃。

2. 将牛奶巧克力、黑巧克力和幼砂糖倒入量杯中，加入“步骤 1”，用均质机搅拌均匀，再加入无盐黄油搅拌均匀，装入裱花袋中。

准备

在直径 5 厘米、高 5 厘米的圈模中贴边放入一张烤纸，卷成圆柱形。

制作过程

1. 将巧克力面糊装入裱花袋中，挤入围有烤纸的圈模中至三分满。

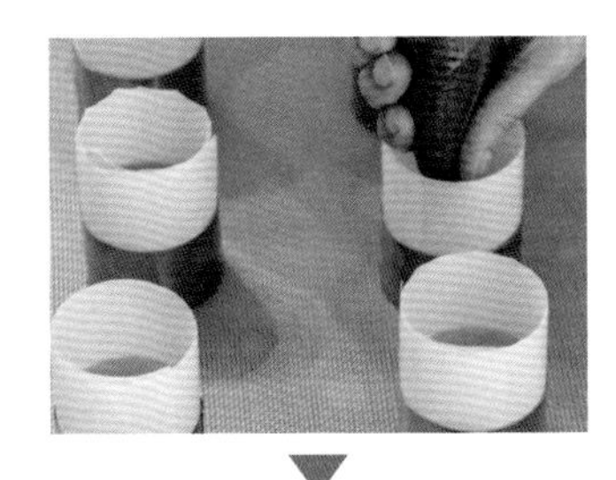

2. 用竹签插上一块冻硬的榛果甘纳许，放入圈模中，拔出竹签，再挤入巧克力面糊至八分满。

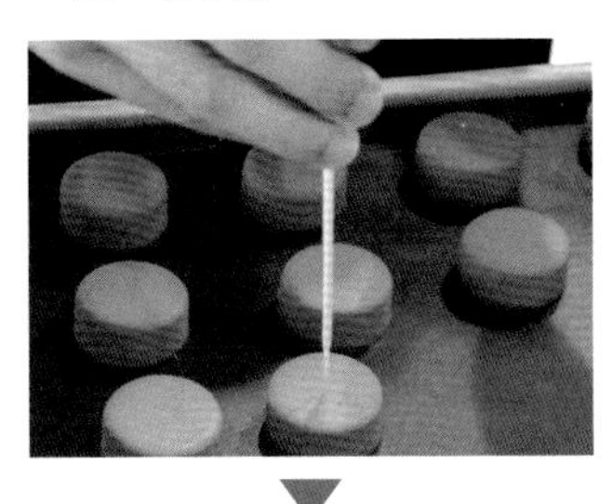

3. 入烤箱，以上、下火 180℃烘烤 15 分钟左右。

4. 出炉，脱模，在巧克力熔岩蛋糕中心挤入适量甘纳许即可。

第4章 蛋糕卷

基础制程要点解析

第一阶段：饼底制作

打发：需要注意蛋白或者全蛋的打发程度。尤其是蛋白类饼底，如果打发得过于“干”，则烘烤完成后的饼底会偏干，加重后期饼底开裂的风险，一般打发至湿性发泡即可。

对于全蛋海绵类饼底，将全蛋打发至一般浓稠状态即可。

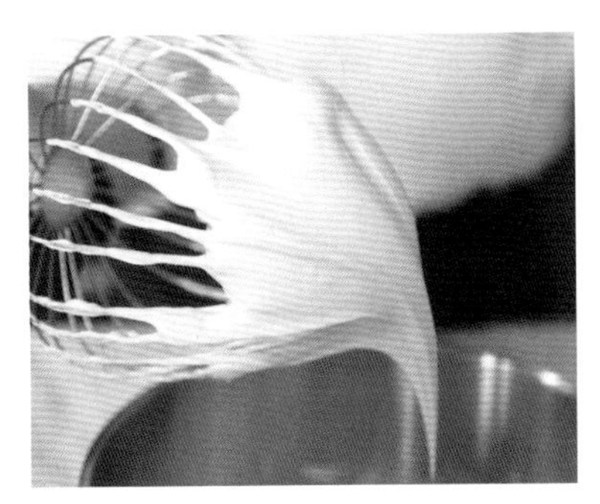

△ 打发蛋白类饼底

△ 打发全蛋海绵类饼底

烘烤温度与时间：烘烤时间越长、烘烤温度越高，饼底水分丢失得越多，后期饼底开裂的风险也就越大。一般烘烤温度采用中低火，烘烤时间在 10~20 分钟。

第二阶段：组合卷制阶段

内馅的量：内馅需要有一定的厚度，尤其是在开头卷制时，能够让蛋糕卷有一个合适的弧度，否则会给卷制增加难度。

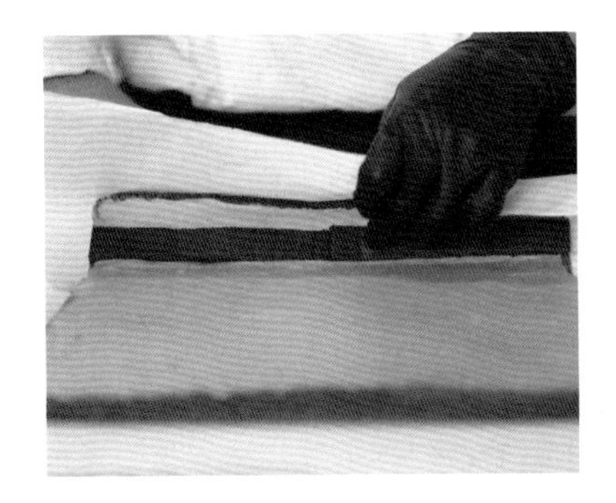

卷制手法：

・手不可直接接触饼底。因为手的温度能引起手与饼底粘连，影响饼底外观。一般情况下，是将饼底表面朝下放在油纸上，抹完馅料后，手拾起油纸，连带饼底运动，这样手与饼底之间就有一层隔绝。

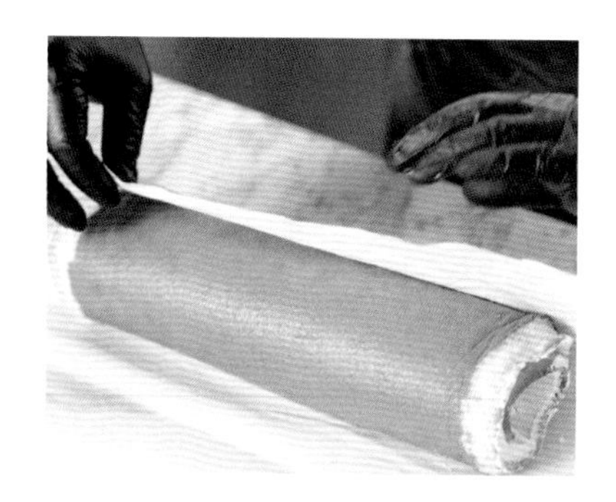

・卷制过程要轻柔。动作不要太急，力道也不要太重，避免饼底断裂。

・卷成的饼底要扎实。卷过之后的饼底，要注意压制，避免发生松散，影响整体形状。

第三阶段：后续问题

定型：饼底卷制完成后，需要先放入冰箱冷藏定型一段时间，消除饼底内部的紧张感，给饼底一个新的扩展方向，使形态更加稳定，避免后期处理时发生松散或者断裂等。注意，定型时外部需要继续裹油纸，防止冰箱中的水汽影响外形。一般冷藏半小时左右。

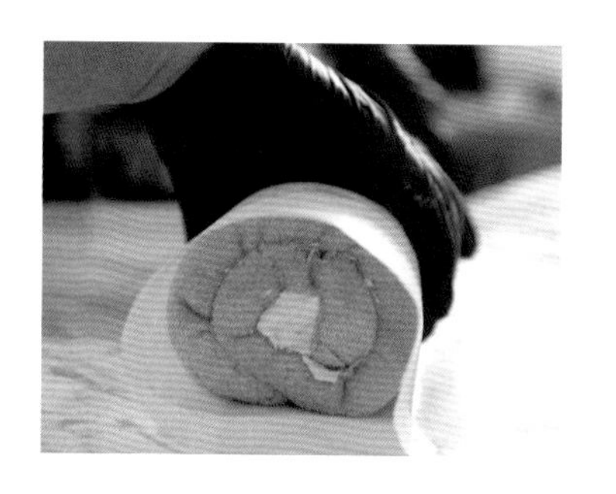

切割：为了整体的美观度，后期会用刀将饼底的两端切割去除，切割前需要对工具进行加热，这样切面才不会“糊层”。注意，最好每切一刀都进行清洁和加热，再进行下一次切割。

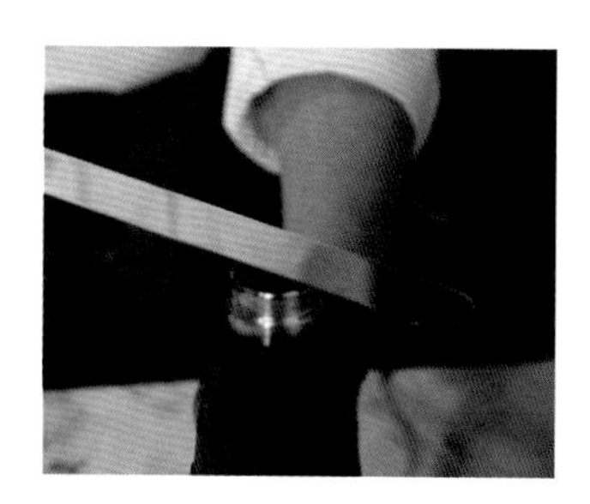

巧克力树桩蛋糕

知识点 为什么叫树桩蛋糕?

为什么叫树桩蛋糕?

树桩蛋糕是圣诞节时必备的美食之一，又称木柴蛋糕。其来源于圣诞传统：很久之前每到圣诞前夜时，欧洲国家的民众会在家中壁炉内点燃柴火来预示新年的到来。后来壁炉慢慢消失，人们会用相似的装饰产品来替代，也衍生出了这款甜品。

面糊

材料

- 蛋白……………………310 克
- 细砂糖………………200 克
- 海藻糖……………… 50 克
- 低筋面粉……………115 克
- 54.5%黑巧克力……100 克
- 可可酱砖…………… 13 克

操作准备

1. 将 54.5% 黑巧克力和可可酱砖混合，隔水加热熔化。

2. 将低筋面粉过筛，备用。

制作过程

1. 将蛋白、细砂糖、海藻糖依次倒入搅拌缸中，并用网状型搅拌器高速搅打至五分发。

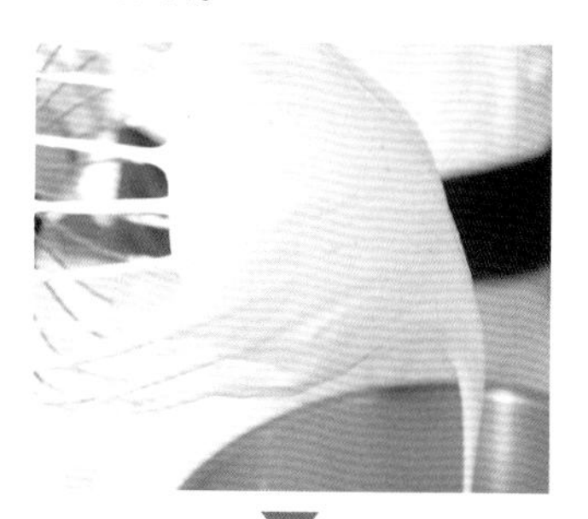

2. 加入过筛好的低筋面粉，并用橡皮刮刀翻拌均匀。

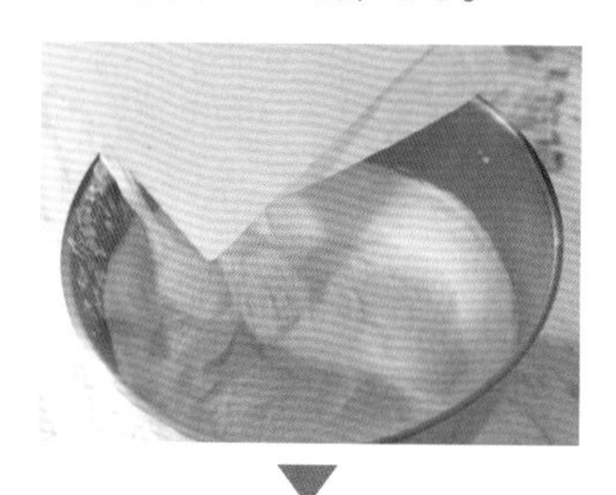

3. 加入熔化好的混合巧克力液，继续翻拌均匀，装入带有圆形裱花嘴的裱花袋中。

4. 在铺有油纸的烤盘（60 厘米 ×40 厘米）上挤出 13~15 条面糊（条与条之间紧挨着），放入风炉中，以上火 190℃、下火 140℃烘烤 20 分钟。之后开风门继续烘烤 8 分钟，取出，放置在网架上，室温冷却备用。

香缇奶油

材料

- 淡奶油………………300 克
- 细砂糖……………… 15 克
- 海藻糖……………… 15 克
- 樱桃白兰地…………3 毫升

制作过程

1. 在搅拌缸中依次加入淡奶油、细砂糖、海藻糖，并用网状搅拌器先用高速搅拌均匀，再转中速搅拌，并加入樱桃白兰地。

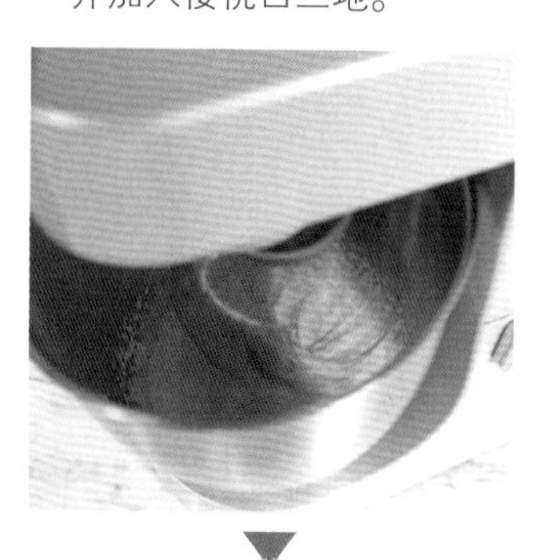

2. 转高速搅拌，打发至呈现浓稠纹路状。

巧克力甘纳许

材料

- 淡奶油………………130 克
- 转化糖……………… 22 克
- 葡萄糖浆…………… 22 克
- 38% 牛奶巧克力 …185 克
- 33.6% 牛奶巧克力… 95 克
- 70% 黑巧克力 …… 40 克
- 白兰地…………………5 克

工具与制作说明

本次使用模具尺寸为边长 14 厘米，高 5 厘米。

△ 模具

制作过程

1. 将淡奶油、转化糖、葡萄糖浆依次倒入小奶锅中，用小火加热煮沸。

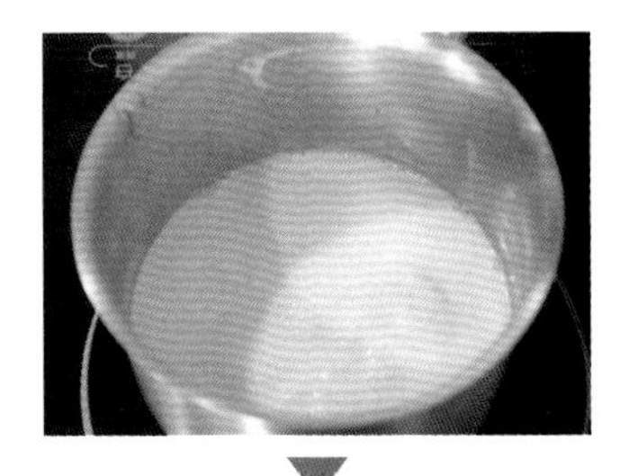

2. 将三种巧克力依次倒入量杯中，混合。

3. 将"步骤 1"倒入"步骤 2"中，用手动打蛋器搅拌均匀。

4. 加入白兰地，用均质机将其充分乳化。

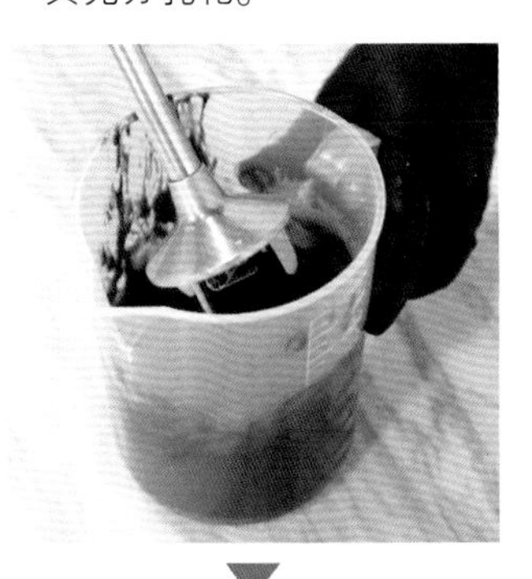

5. 将混合液倒入底部包有保鲜膜的方形慕斯模具中，抹平表面，在桌面震动几下，再放入冰箱中冷藏。

6. 从冰箱中取出，用刀将其平均切割成宽 2 厘米、高 2 厘米、长 14 厘米的长方体，放入冰箱中冷藏，备用。

组装

制作过程

1. 将冷却的饼底表面朝下放在一张油纸上。

2. 在其上放一层香缇奶油，用曲柄抹刀抹平。

3. 在一端放上冷藏定型的巧克力甘纳许，将其由一端向另一端卷起，放入冰箱中冷藏。

4. 从冰箱中取出，将油纸撕掉，用锯齿刀将其两端不规整的地方切除，再从中间切开。最后在表面撒上一层糖粉即可。

松饼蛋糕卷

知识点

干燥蛋白粉

巧克力的不同性能

35% 淡奶油是什么意思?

巧克力海绵饼底

材料

- 蛋黄……………………259 克
- 细砂糖 1 …………… 63 克
- 蛋白……………………336 克
- 细砂糖 2 ……………181 克
- 干燥蛋白粉……………5 克
- 66% 黑巧克力 …… 38 克
- 色拉油……………… 55 克
- 牛奶……………………168 克
- 低筋面粉…………… 80 克
- 高筋面粉…………… 32 克
- 可可粉……………… 42 克
- 泡打粉……………… 7.8 克

材料说明

干燥蛋白粉

又称蛋清粉，是蛋白通过特殊工艺制作而成的粉类物质，一定量的蛋白粉、水和糖混合打发的效果类似蛋白打发。在蛋白打发中加入少量蛋白粉，可以提高泡沫稳定率。

巧克力的不同性能

市面上售卖的巧克力有时候名称前面会加百分数，例 70% 黑巧克力、32% 牛奶巧克力等，百分数表示的是可可含量（包括可可脂和所有其他可可固形物）。

巧克力还有不同的耐温性。耐高温巧克力粒经过烘烤后不易变形，使用时不用调温；不耐高温巧克力使用时需要进行调温，常用于巧克力装饰件、慕斯、饼底和馅料等。

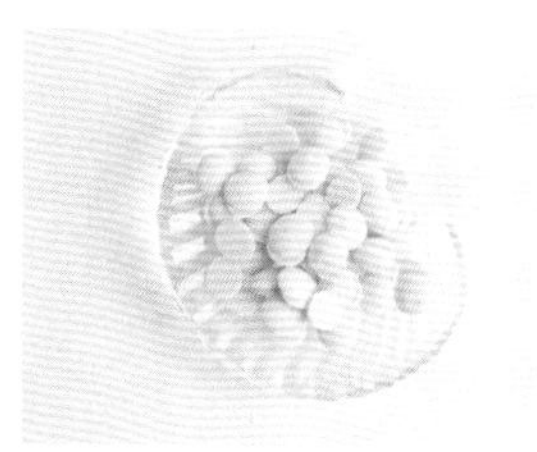

△ 29% 白巧克力

△ 38% 牛奶巧克力

△ 66% 黑巧克力

△ 37.8% 耐烘烤水滴黑巧克力

△ 44% 耐烘烤巧克力条

制作过程

1. 将蛋黄与细砂糖 1 倒入搅拌桶中，先隔水加热至 38℃（期间需搅拌），再将其放入搅拌机中，高速搅打至浓稠状。

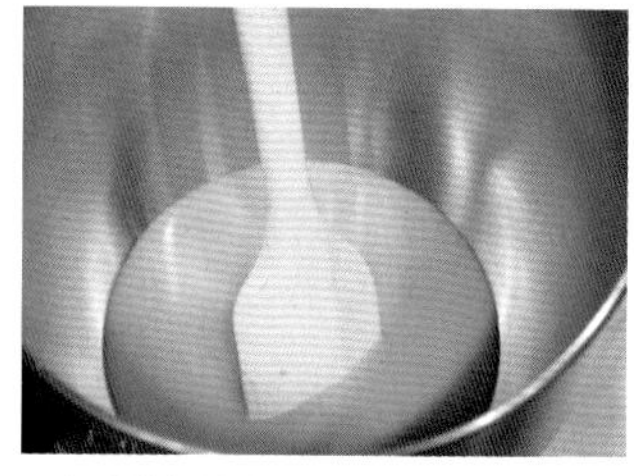

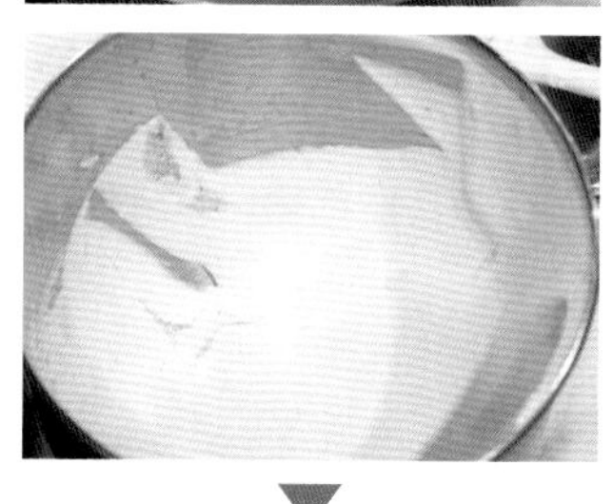

2. 另将蛋白倒入搅拌桶中，分三次加入细砂糖 2 与干燥蛋白粉的混合物，高速搅打至中性发泡，制成蛋白霜。

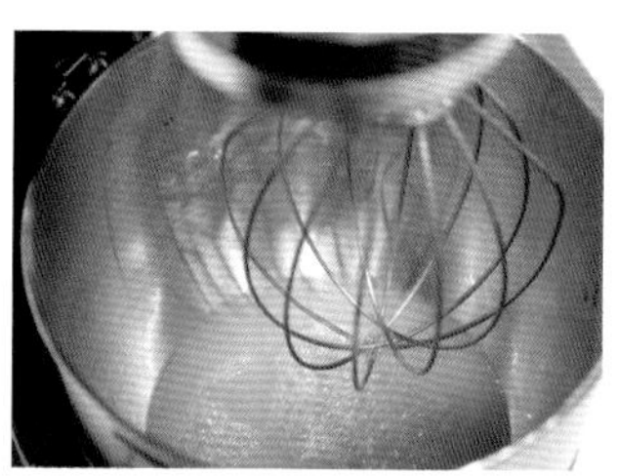

3. 将色拉油与巧克力混合，隔水熔化。

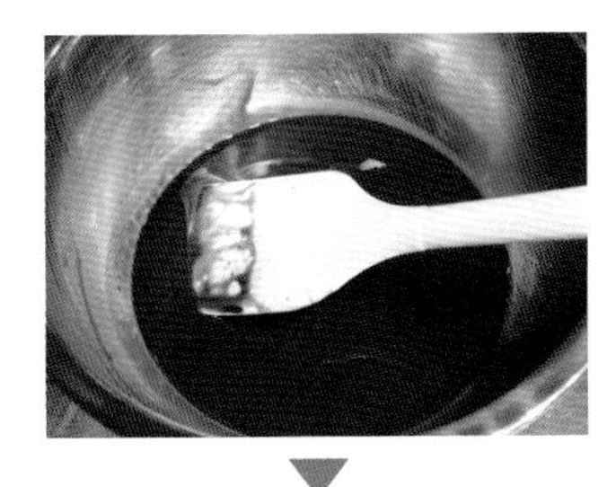

4. 将牛奶加入“步骤 3”中，隔水加热至 50℃。

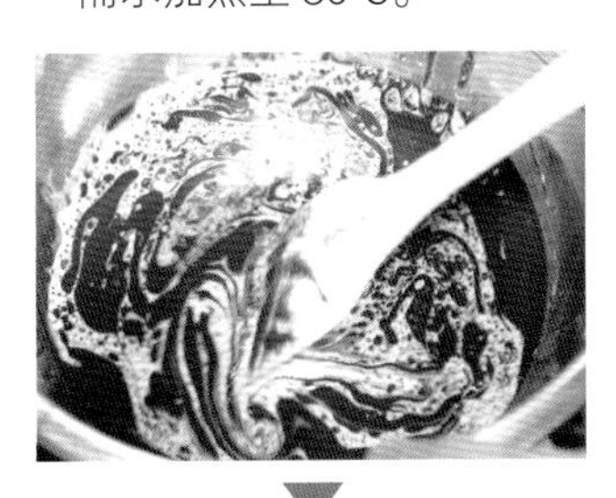

5. 取一半蛋黄混合物，放在“步骤 4”中，混合拌匀。

6. 将剩余的蛋黄混合物、三分之一的蛋白霜依次加入“步骤 5”中，搅拌均匀。

7. 边搅拌边加入混合过筛的粉类（低筋面粉、高筋面粉、可可粉、泡打粉），拌匀，再加入剩余的蛋白霜，搅拌均匀。

8. 将“步骤 7”倒入烤盘中（本次使用烤盘尺寸为 40 厘米 ×60 厘米），抹平、轻震，再将其放入平炉中，以上火 180℃、下火 165℃烘烤约 18 分钟。

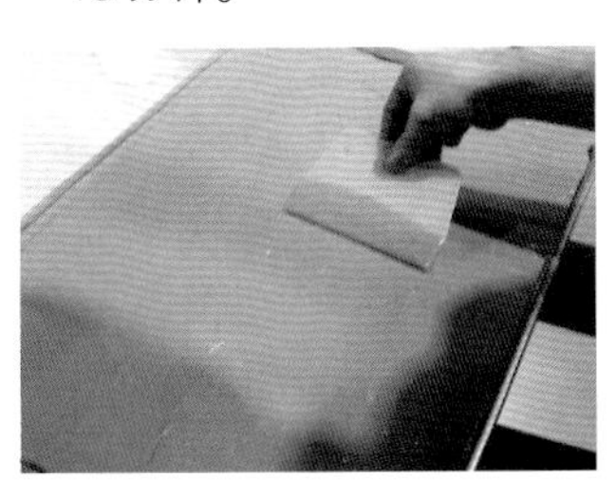

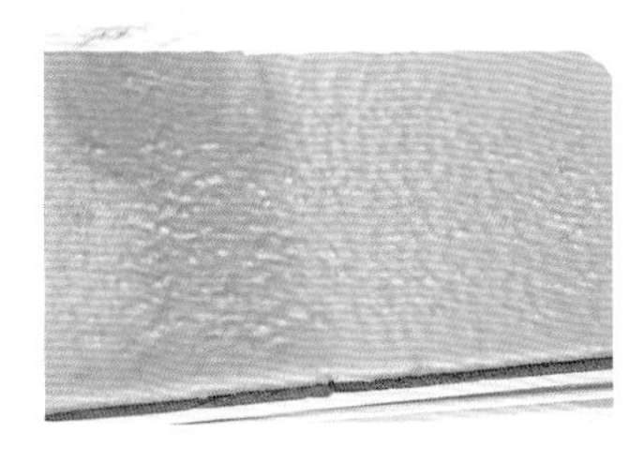

打发甘纳许

材料

- 35% 淡奶油 1 ……225 克
- 葡萄糖浆…………… 33 克
- 转化糖……………… 33 克
- 38% 牛奶巧克力 …130 克
- 66% 黑巧克力 …… 75 克
- 35% 淡奶油 2 ……450 克

材料说明

35% 淡奶油：许多淡奶油品牌会有百分比数值的标注，该数值是指乳脂含量（乳脂是牛奶中的脂肪），打发类淡奶油的乳脂含量通常在 30%~38% 区间内。

制作过程

1. 将淡奶油 1、葡萄糖浆和转化糖倒入锅中，煮沸。

2. 将两种巧克力混合，隔水熔化一半。

3. 将“步骤1”冲入“步骤2”中，混合拌匀，再降温至40℃。

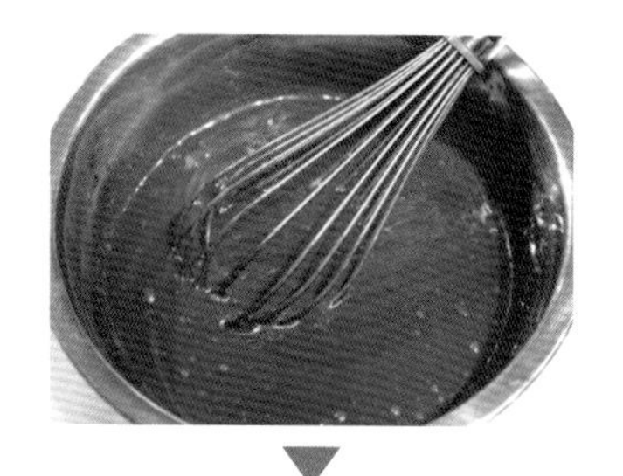

4. 将淡奶油2加入“步骤3”中，用均质机搅打至完全乳化。

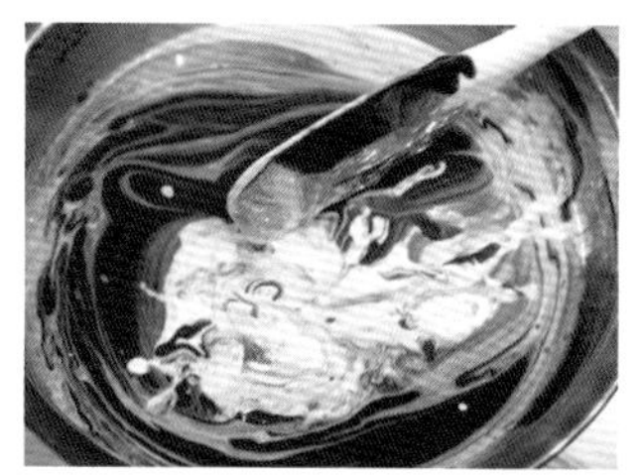

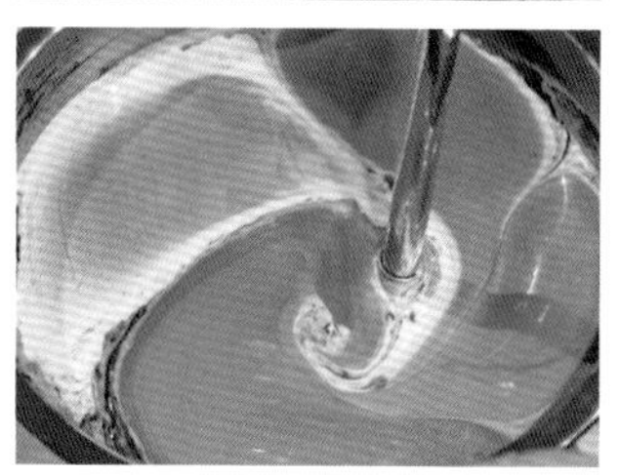

5. 将“步骤4”隔冰水急速降温至5℃，再放入冷藏室。使用前将其取出，放入搅拌桶中，搅打至八分发，放入冰箱中冷藏备用。

因为冷藏降温至4℃需要很长的时间，所以须提前隔冰水降温至5℃。

组合装饰

材料

- 防潮糖粉……………………适量
- 防潮可可粉…………………适量
- 巧克力配件…………………适量

制作过程

1. 将烘烤好的饼底取出，脱模，修理平整，对半切开，每块饼底尺寸30厘米×40厘米，放在不粘纸上。

2. 在饼底表面放上400克打发好的甘纳许，用曲柄抹刀抹平。

3. 将饼底卷起成蛋糕卷，放入冰箱中冷藏定型30分钟。

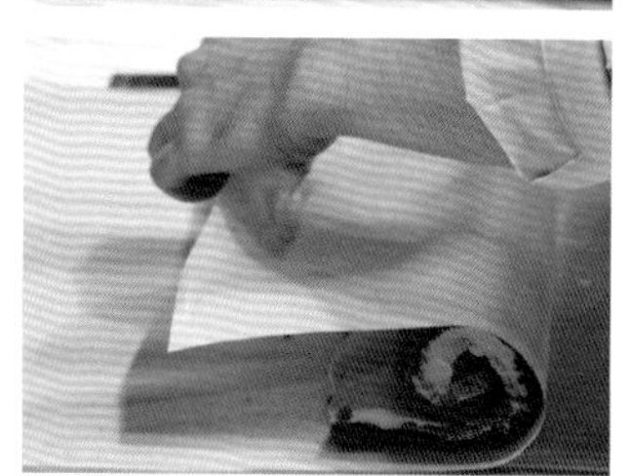

4.将打发甘纳许装入带有圣安娜裱花嘴的裱花袋中，在蛋糕卷表面曲折挤上一层。

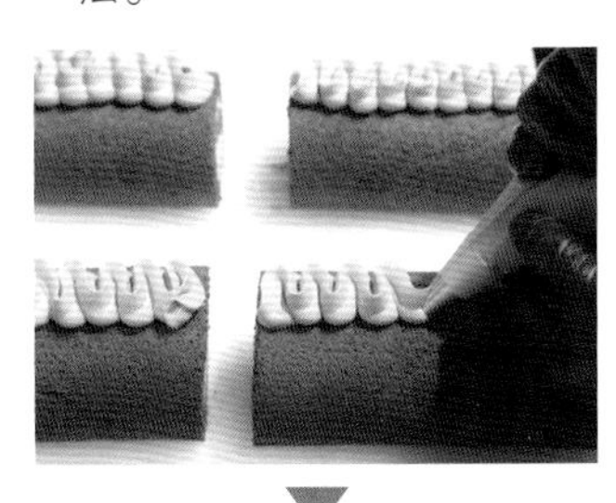

5.在表面筛上防潮可可粉和防潮糖粉混合物，再在甘纳许旁边插入一片巧克力件即可。

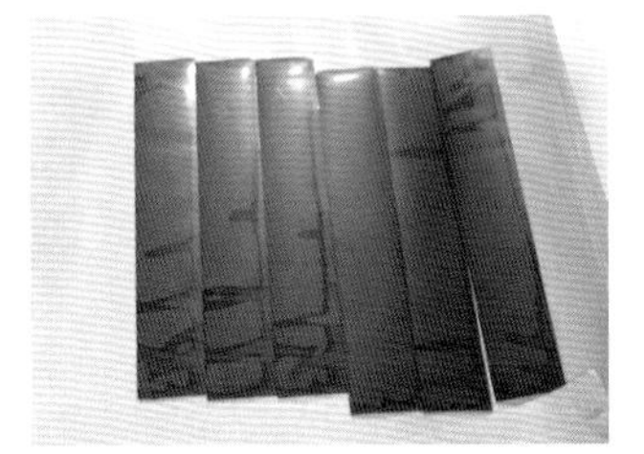

一般门店里的蛋糕卷是当天卷馅料，当天售卖。

蛋糕卷不宜放冷冻，甘纳许中的奶油会出水。若想将蛋糕卷放冷冻保存，可以在奶油里加少许吉利丁，但是口感会变差。

焦糖蛋糕卷

牛奶巧克力饼底

材料

- 蛋白……………………540 克
- 细砂糖………………108 克
- 蛋白粉……………… 5.4 克
- 柠檬汁…………………6 克
- 蛋黄……………………216 克
- 无盐黄油(熔化)……180 克
- 牛奶巧克力(熔化)…270 克
- 低筋面粉…………… 72 克

制作过程

1. 将蛋白、蛋白粉、柠檬汁和细砂糖倒入搅拌桶中，打发成蛋白霜（约湿性发泡）。

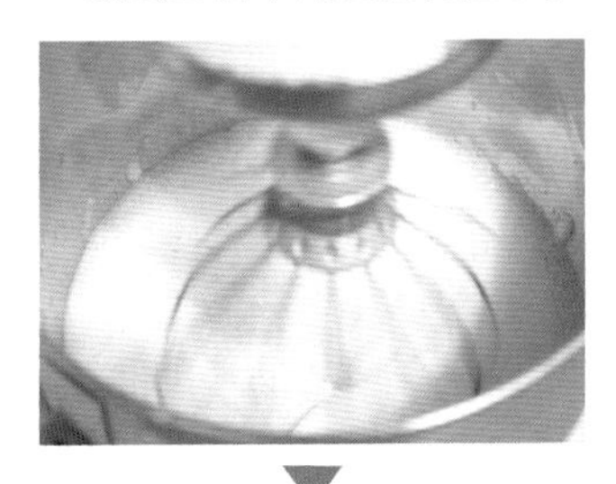

2. 加入蛋黄，用刮刀翻拌均匀。

3. 加入熔化的牛奶巧克力和无盐黄油，搅拌均匀，再加入过筛的低筋面粉，继续翻拌均匀。

4. 将面糊倒入垫有烤纸的烤盘中，用曲柄抹刀抹平表面。

5. 将烤盘放入烤箱中，以上、下火 180℃烘烤 10 分钟，再以 175℃烘烤 3 分钟左右，出炉。

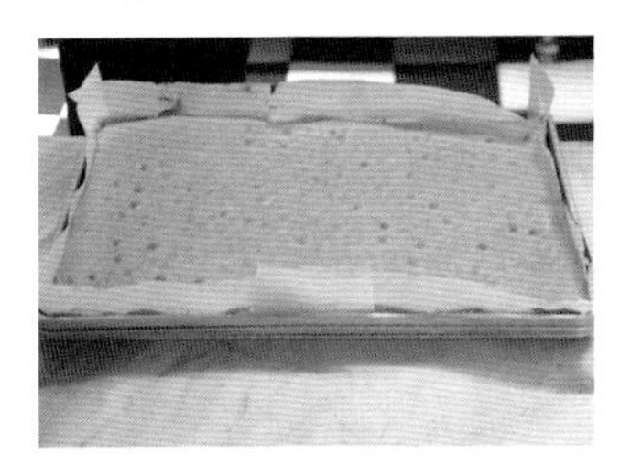

焦糖奶油

材料

- 细砂糖………………192 克
- 无盐黄油(软化)…… 72 克
- 淡奶油………………144 克

制作过程

将细砂糖分次倒入锅中，加热熬成焦糖，加入无盐黄油搅拌均匀，再加入淡奶油（温热）拌匀。

焦糖黄奶油

材料

- 牛奶…………………120 克
- 细砂糖………………384 克
- 蛋黄…………………230 克
- 香草精……………… 1.2 克
- 无盐黄油(软化)……768 克
- 焦糖奶油……………350 克

制作过程

1. 将牛奶、细砂糖、蛋黄混合，隔水加热至 80℃（其间注意搅拌，防止蛋黄变熟）。

2. 再使用网状搅拌器进行高速打发，并使温度下降至25℃。

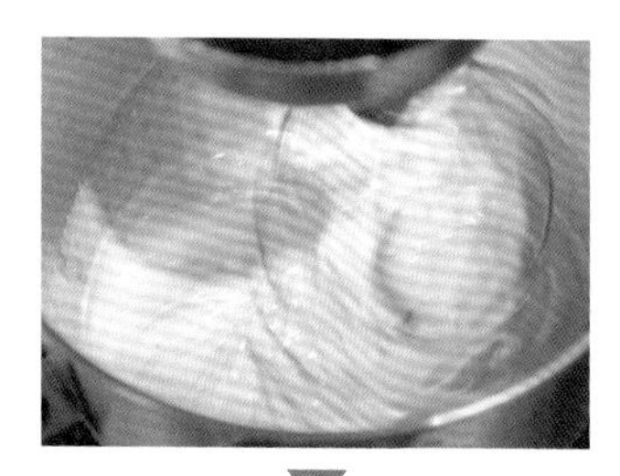

3. 分次加入软化的无盐黄油和香草精，搅拌均匀。再加入焦糖奶油，用刮刀搅拌均匀。

巧克力酥粒

材料

- 杏仁碎……………360 克
- 蛋白………………20 克
- 细砂糖……………20 克
- 赤砂糖……………20 克
- 牛奶巧克力（熔化）…160 克

制作说明

以蛋白为黏性物质，混合干性材料，进行烘烤。完成后，与熔化的牛奶巧克力混合均匀，形成颗粒状，自然晾干即可。

制作过程

1. 将蛋白、细砂糖、赤砂糖、杏仁碎混合搅拌均匀，平铺在烤盘中，放入烤箱以150℃烘烤至表面金黄。

2. 出炉冷却，分次加入熔化的牛奶巧克力，翻拌均匀。

组合

材料

- 可可粉………………5 克

制作过程

1. 将牛奶巧克力饼底切成长40厘米、宽30厘米的长方形，在表面抹上一层焦糖黄奶油。

2. 撒上一层巧克力酥粒，将整体卷成圆柱形的蛋糕卷，放入冰箱中冷藏定型30分钟。

3. 在蛋糕卷表面抹上一层焦糖黄奶油，再使用油纸贴附表面起到刮平的效果。

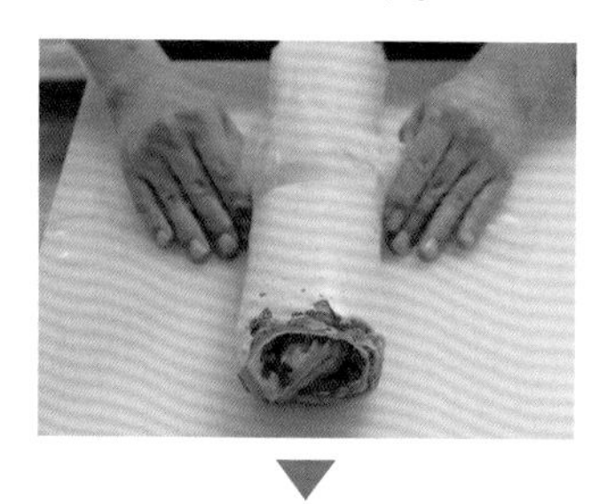

4. 在蛋糕卷顶部筛洒少许可可粉，再摆放少许巧克力酥粒。

5. 用刀将蛋糕卷切成4厘米宽的小蛋糕块。

第5章

泡芙

基础制程与材料解析

泡芙的空洞是其最大的特点：泡芙面糊在烘烤期间，内部水蒸气将面糊向外推挤，形成膨胀的过程中也引发了内部空洞。所以制作过程也主要围绕这一点展开。

液体材料与调味材料的混合

泡芙使用的液体材料多包含牛奶、水以及熔化的黄油，它们是后期淀粉糊化的”场地“，需要将它们加热至沸腾状态，完全混合均匀。

盐和糖对产品有调味作用，但是也对后期淀粉糊化和面团组织有一定的影响，用量需要注意。

淀粉的糊化

糊化的原理

淀粉在常温下是不溶于水的，但是随着水温升高，淀粉颗粒的性状发生变化——某些分子链条断裂，让水分进入颗粒；再升温后，颗粒破裂，淀粉整体形成具有黏性的糊状液体——这个过程称为淀粉的糊化。

注：在淀粉糊化过程中与之共存的其他材料对糊化过程有一定的影响：一般来说，糖浓度过高会降低淀粉糊化程度（糖具有吸湿性，会与淀粉争夺水分）；脂类材料能与淀粉在一定条件下形成复合物，所以也会降低淀粉糊化程度。

糊化的操作要点

不同的淀粉种类、不同大小的淀粉颗粒需要的糊化温度不同，溶液含水量以及其他添加物对糊化程度也有一定影响。所以，在制作泡芙时，要顾全各种因素使淀粉达到合适的糊化程度。

·保证温度要“够”。溶液中材料较复杂，加热后需要沸腾，所以温度至少要达100℃。之后与面粉混合时，溶液温度会有一个下降的过程，需要持续加热，并不停地搅拌，其间有两方面的任务，一是挥发水分使面团柔软度合适，二是使淀粉完全糊化。一般情况下，完成的面团温度在 80℃左右，最好不要超过 82℃。

注：判断面团糊化是否到位，可以通过测量温度来判断，也可通过查看锅底，一般到状态后，锅底会出现一层薄膜。

△ 糊化后的淀粉

·材料搅拌均匀。淀粉与液体混合后，需要持续加热至完全糊化，在此期间，需要用工具不停对面团进行搅拌，防止面团受热不均匀，影响面团质量。

用低筋面粉还是高筋面粉?

面粉中包含蛋白质、淀粉等成分。面粉的筋度是由蛋白质含量决定的，但泡芙的制作主要依赖的是淀粉糊化能力，所以不同筋度的面粉对泡芙产品的影响比较细微。

但是在原则上，还是建议使用低筋面粉。一般情况下，溶液温度越高，形成的面团越软，产品的黏性也越大。淀粉占面粉的比例越高，整体产生糊化现象的“起始”温度就越低（纯淀粉糊化的起始温度在 53℃左右）。理论上，低筋面粉的淀粉含量比其他的中筋面粉、高筋面粉要高，所以对温度更敏感，产生的糊化效果也更好一点。

注：如使用高筋度面粉制作泡芙，形成面筋的可能性更高一点，从而减小泡芙的膨胀力度，也会使泡芙的外壳增厚，整体结构更稳定。

糊化对组合和口感的影响

淀粉糊化之后，就吸收了更多的水分；同时，面团的筋性还受到影响，其韧性降低，黏性提高，因为高温还使面粉中的蛋白质熟化，减小了其产生面筋的能力。所以，把糊化后的面团用于烘焙产品的制作，可以使产品更柔软，含水量更高。

蛋液的加入

蛋液的作用

蛋液的主要作用有三个方面。

其一是调节泡芙面糊的软硬度，即调整泡芙面糊整体的含水量。

其二是帮助泡芙在烘烤过程中更好地塑形，使外形更坚挺。在后期烘烤过程中，水蒸气使产品产生膨胀，而蛋液可以提高面团的延伸性，所以泡芙的表皮会更加薄；同时，蛋液能使泡芙表面裂纹更漂亮，使泡芙的形状更趋近圆形。

其三是提高泡芙成品的酥脆度。

如果不使用蛋液，可以使用水、牛奶等进行稠稀度的调节，但是就缺少塑形和酥脆方面的影响了。

蛋液的“酌情添加”

在泡芙制作材料中，面粉是吸水量最强的材料，但是每种面粉的吸水能力是不一样的，而且在液体材料混合加热过程中，挥发和损失的水分每次也会不一样，所以，蛋液可以作为后期调节稠稀度的主要材料，酌情添加。

△ 添加蛋液

蛋液的加入须分次，直至面团呈现合适的稠稀度。但是应注意这个过程不宜太长，如果时间过长，会使面团下降至较低的温度，面团内部的黄油流动性受影响，继而增加面团的硬度。要保持搅拌过程中的面团温度在40℃以上，可以通过调节加入的蛋液的温度。

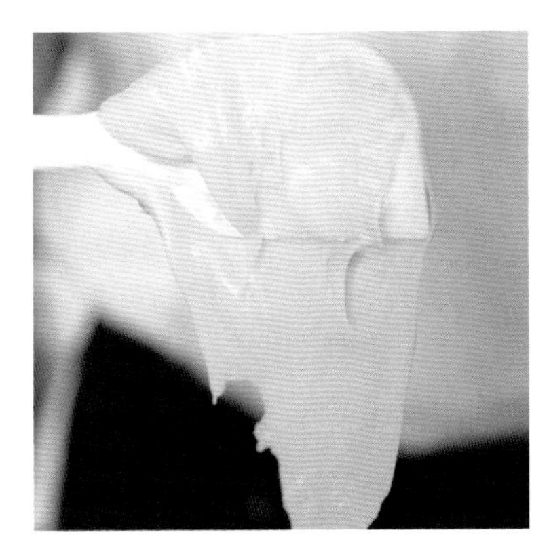

△ 泡芙面糊完成时的状态

关于面糊硬度

·若蛋液用完后，面团还是有些硬，可以在面团中加入适量20℃左右的水，用来调节面团的软硬度。不建议加配方外的蛋液，那样会破坏配方的平衡性。

·闪电泡芙形状的面糊要比一般泡芙的面糊硬一些。

面糊的保存

完成后的泡芙面糊可以先在烤盘中挤出形状，放入冰箱中冷冻保存，一般可以保存3周左右。

泡芙的烘烤

前期的膨胀

因为淀粉糊化后吸收大量水分，所以泡芙面糊的含水量比较高，在高温下可以快速产生水蒸气，气体向上运动会推挤未定型且具有延伸性的面团产生运动，形成气孔。

所以，泡芙空洞形成的前提条件是在面团未固形前，使其内部产生水蒸气，这就需要依靠高温。

依据泡芙的大小与重量，泡芙在烘烤前期需要长时间的“高温”，使水蒸气迅速产生，让面糊膨胀至完全定型。

后期的烘干定型

泡芙烘烤的后期需要对产品进行“固形”，防止出炉遇低温产生收缩。相比初期烘烤，后期烘烤的主要目的是进一步烘干水分、帮助泡芙定型，温度要适度降低，避免持续高温将表皮烘烤过度。

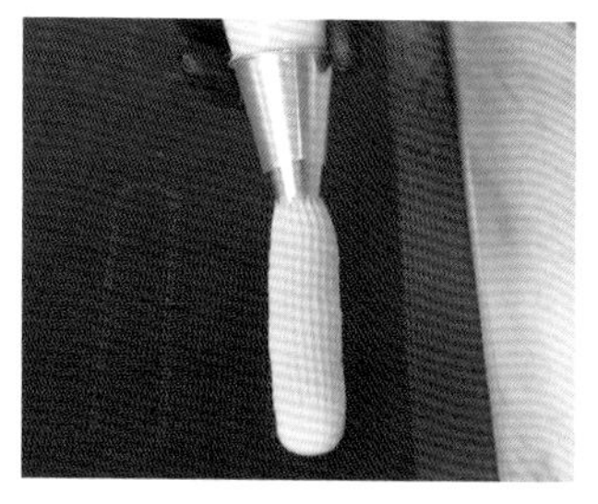

△ 挤出泡芙形状

△ 泡芙在烤箱中烘烤膨胀、定型

△ 烘烤成形

泡芙的脆面

泡芙的脆面好像是给泡芙披了件衣服或者戴了顶帽子，也会给泡芙整体带来不一样的口感，提高酥脆度，与泡芙本体的口感形成对比，增加食用乐趣。

脆面的基础成分有黄油、低筋面粉和糖，可以用带色产品进行调色，用香料进行风味调整等。材料混合后呈面团质地，后期经过擀制形成面皮状，使用切模切割成合适的形状，放在挤出形状的泡芙面糊上。在共同烘烤的过程中，由于泡芙的急剧膨胀，会带动脆面一起发生形状的变化。脆面在泡芙“冲顶”力与外部热力的共同影响下形成碎裂，不但在口感上有特点，装饰效果也比较特别。

脆面与泡芙本体的结合

△ 在每一个泡芙面糊上盖一层脆面

△ 在烘烤中，脆面会与泡芙一起产生外形变化

△ 基本烘烤完成后，脆面紧密附着在泡芙上

花生香蕉巴黎布雷斯特

知识点 为什么叫巴黎布雷斯特?

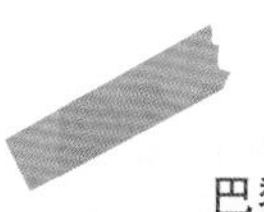

巴黎布雷斯特

巴黎布雷斯特泡芙（Paris-Brest），是一道经典的法式甜点，在车轮泡芙中装满榛子果仁和榛子奶油制作而成，其起源是用于庆祝巴黎至布雷斯特的自行车赛。它不仅仅是一款甜品，更是对这项运动的文化传承。

泡芙脆面

材料

- 金黄赤砂糖………… 90 克
- 低筋面粉…………… 90 克
- 黄油………………… 72 克
- 香草精……5 克（或适量）

工具与制作说明

在使用前，先用网筛将砂糖与面粉进行基础混合过筛，有利于后期的混合工作。

形成面团，擀成面皮后，使用圈模进行形状切割。本次根据泡芙形状，使用了圈形面皮，制作时用大、小圈模搭配压制。

制作过程

1. 将金黄赤砂糖和低筋面粉混合过筛。

2. 放入厨师机中，加入黄油、香草精，用扇形搅拌器搅拌至面团状。

3. 取出面团，用擀面棍将其擀压至约 3 毫米厚度。

4. 根据泡芙大小用圈模压出适宜的圈形。

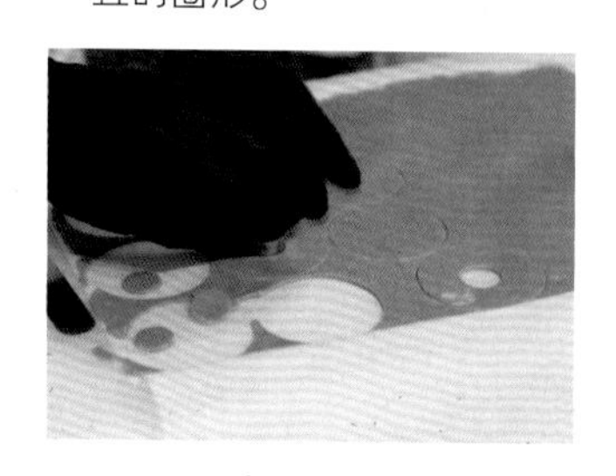

泡芙

材料

- 水……………………125 克
- 牛奶…………………125 克
- 黄油…………………100 克
- 盐……………………… 4 克
- 低筋面粉…………… 75 克
- 高筋面粉…………… 75 克
- 全蛋…………………250 克

工具与制作说明

使用复式奶锅对部分材料进行熬煮成团，其间使用刮刀不停地进行翻拌作业，使整体受热均匀。之后入厨师机，使用扇形搅拌器混合蛋液，形成绸缎状的面糊。入裱花袋中，挤入硅胶模具中，冷冻定型。

本次使用的是 8 连模 SAVARIN（萨瓦林）模具。

△ 8 连模 SAVARIN（萨瓦林）模具

面糊定型后，泡芙面团才容易叠加，不易变形。

制作过程

1. 将水、牛奶、黄油和盐放入锅内，加热至黄油熔化，离火加入面粉，搅拌成团。

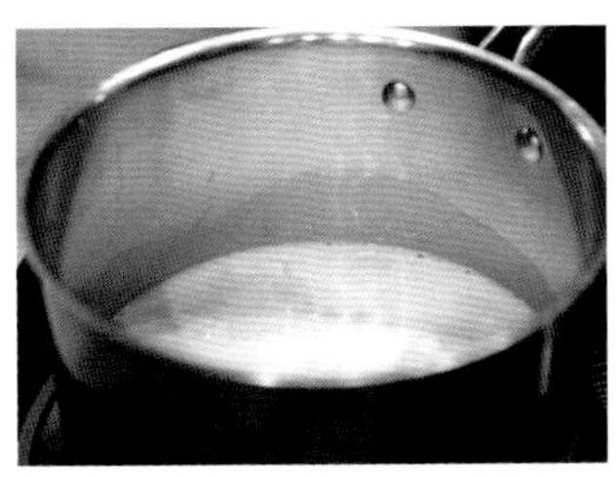

2. 继续加热，其间不停地用刮刀搅拌，至锅底出现一层薄膜，离火。

3. 将面团放入厨师机中，少量多次地加入全蛋，不停搅打至整体呈现细腻光滑的绸带状（用橡皮刮刀挑起来，面糊会呈倒三角状，缓慢滴落）。

4. 将面糊装入带有圆形裱花嘴的裱花袋中，挤入硅胶模具中，放入急冻柜中冷冻成型。

5. 取出，脱模，在泡芙顶部贴上泡芙脆面，放入风炉中，以150℃烘烤40分钟。

香蕉果泥

材料

- 新鲜香蕉……………… 6根
- 细砂糖……………… 150克
- 黄油……………… 50克
- 朗姆酒……………… 20克

制作过程

1. 将香蕉去皮，切片。

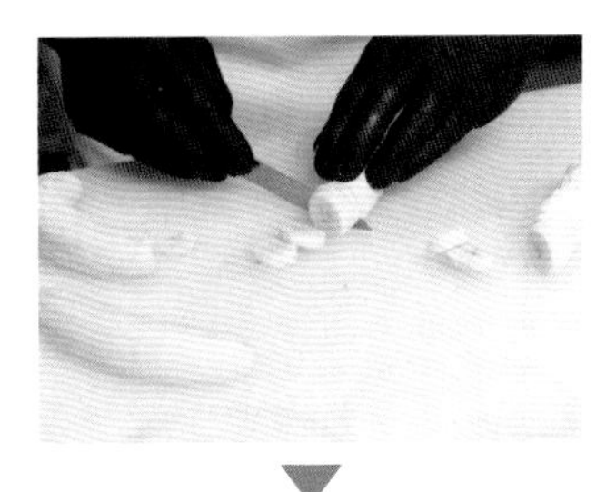

2. 将细砂糖放入平底锅中，加热煮至成焦糖，加入香蕉片、黄油、朗姆酒，加热煮至浓稠。

3. 离火，将“步骤2”倒入量杯中，用均质机搅打至顺滑状。

卡仕达酱

材料

- 牛奶……………………250 克
- 香草籽……………半根的量
- 细砂糖………………… 50 克
- 蛋黄…………………… 50 克
- 玉米淀粉…………… 15 克
- 黄油…………………… 25 克

制作过程

1. 将牛奶、香草籽倒入锅中，加热煮沸。

2. 将细砂糖、蛋黄、玉米淀粉混合，用手持搅拌球搅拌均匀。

3. 取一部分“步骤 1”倒入“步骤 2”中，搅拌均匀，再倒回锅中，用小火边加热边搅拌，煮至浓稠。

4. 离火，加入黄油搅打均匀。倒在铺有保鲜膜的烤盘中，表面盖上保鲜膜，放入急冻柜中冷冻 10 分钟急速降温，再放到冰箱中冷藏备用。

花生慕斯琳奶油

材料

- 牛奶……………………150 克
- 香草精…………………… 5 克
- 细砂糖………………105 克
- 蛋黄…………………… 80 克
- 黄油……………………210 克
- 花生酱……………… 200 克
- 卡仕达酱……………250 克
- 打发淡奶油…………120 克

制作过程

1. 将牛奶、香草精倒入锅中，加热煮沸。

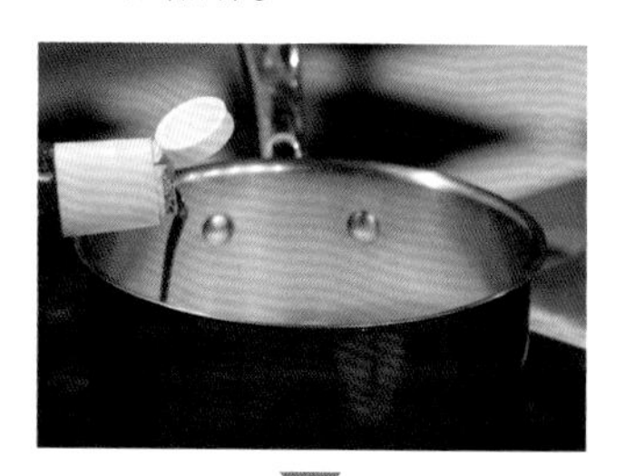

2. 将细砂糖、蛋黄混合，用手持搅拌器搅拌均匀。

3. 取一部分“步骤 1”倒入“步骤 2”中，搅拌均匀，再倒回步骤 1 的锅中，边用小火加热边搅拌，煮至浓稠。

4. 离火，过滤到厨师机中，用网状搅拌器将整体打发至绸带状，加入黄油打至顺滑。

5. 加入花生酱、卡仕达酱，搅拌均匀。

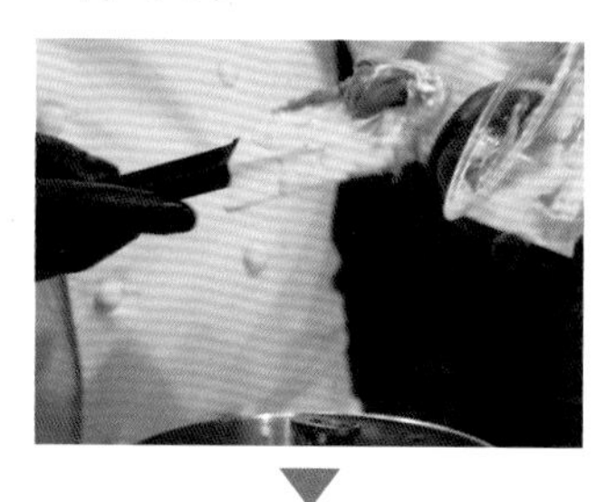

6. 加入打发淡奶油，用橡皮刮刀以翻拌的手法搅拌均匀。

组合

材料

- 烤熟的咸花生………150 克
- 巧克力配件……………适量

制作过程

1. 将泡芙一分为二，一部分为底部，另一部分为顶部（备用）。在底部挤入香蕉果泥，撒适量咸花生碎。

2. 将花生慕斯琳奶油装入带有锯齿花嘴的裱花袋中，挤在“步骤 1”表面。

3. 将香蕉果泥挤入“步骤 2”中，撒适量咸花生碎。

4. 在产品周围摆放巧克力配件。

5. 在顶部泡芙表面撒上一层糖粉，盖在“步骤 4”表面上即可。

闪电泡芙

知识点　为什么叫闪电泡芙？
T 系列法国面粉简介
12% 黑可可粉是什么意思？

为什么叫闪电泡芙?

闪电泡芙又称手指泡芙。

对于“闪电泡芙”这个名字的来源有多种说法。其中有一种是说闪电泡芙十分美味，尝了一口之后就会被它深深吸引，之后会像闪电一般迅速地将它吃完，因此得名为闪电泡芙。另外有一种说法是，泡芙壳在烘烤完成之后，具有类似闪电一样的裂痕，以此得名。

泡芙面团

材料

- 水……………………144 克
- 半脱脂牛奶…………144 克
- 黄油…………………128 克
- 细砂糖………………16 克
- 盐……………………4 克
- 转化糖………………16 克
- T65 面粉……………156 克
- 棕色可可粉…………9 克
- 全蛋…………………336 克
- 备用全蛋……………25 克

材料说明

T65 面粉

T 系列是法国面粉的分类，根据矿物质的含量具体确定。

为了确定小麦粉中的矿物质含量，制粉业利用矿物质的不可燃性质，将一定量的面粉燃烧至高温，再称量矿物质的残余的灰烬，即灰分，根据每 100 克面粉所含灰分质量决定面粉的型号。T 数字越低，说明灰分和矿物质含量越少，面粉的精制度越高，面粉越白；反之，T 数字越高，说明灰分和矿物质含量越高，面粉的精制度越低，面粉发灰或发黑。

根据灰分含量的高低，法国的小麦面粉被划分为各种型号，国内常称为 T（type）系列面粉。T45、T55、T65，这三种面粉也称为“白面粉”，几乎不含麸皮，灰分含量也不高。

T80、T110、T150 属于全麦粉，麸皮含量较多，其中 T150 面粉是属于全麦面粉，保留了小麦全部或者大部分麸皮，含有大量的矿物质和营养元素（灰分含量高），但是也包含了小麦的胚芽部分，所以面粉较易发生变质。

T85、T130、T170 面粉系黑（裸）麦研磨而成，面粉颗粒是由细到粗，灰分含量依次增加。它们营养成分极高，但是粉质缺乏面筋蛋白质，无法构成强韧的面筋网络。

备用全蛋

用于产品稠稀度的调整。需要根据实际情况来把握用量，不一定完全按照配方中的数字加入。因为不同品牌的材料混合时，材料表现出的吸水能力会有很大的不同。

制作过程

1. 将水、半脱脂牛奶、黄油、盐、细砂糖、转化糖加入锅中，用小火加热煮沸，离火。

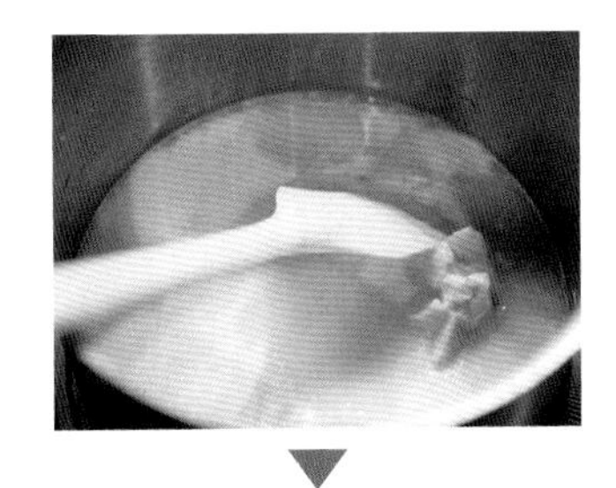

2. 将混合过筛的粉类（面粉、可可粉）加入“步骤 1”中，用橡皮刮刀翻拌均匀。再开小火，边搅拌边加热至锅底出现一层薄膜。

3. 将“步骤 2”倒入搅拌桶中，低速搅打 10 分钟，收干其水分，再边搅拌边加入全蛋液，以中速搅拌，搅打至用橡皮刮刀挑起面糊时，面糊呈倒三角状。

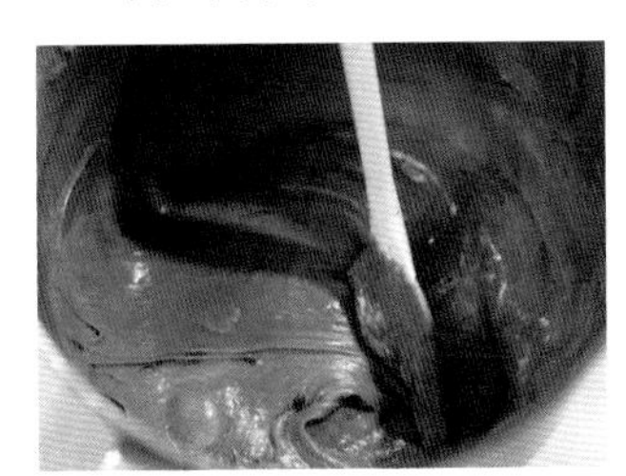

4. 将“步骤 3”装入带有星形裱花嘴的裱花袋中，在网格硅胶垫上以 30°~45° 倾角挤出长条形状，再在表面喷上一层脱模油，放入冷冻室保湿定型。

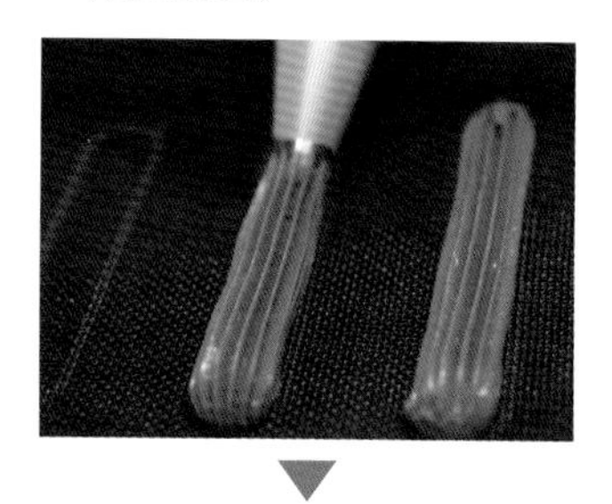

5. 取出面糊，入烤箱（开风门），以上火 170℃、下火 165℃烘烤约 40 分钟。取出，冷却降温。

若将配方中的棕色可可粉替换成黑可可粉，可以保持可可粉的量不改变，同时鸡蛋的用量在原来的基础上减少 50 克。

黑巧克力奶油

材料

- 全脂牛奶……………281 克
- 淡奶油………………281 克
- 细砂糖………………142 克
- 蛋黄…………………250 克
- 可可酱砖……………175 克
- 吉利丁块…………… 50 克

材料说明

本配方中的吉利丁块为吉利丁粉与冷水泡发后熔化、冷凝而得，吉利丁粉与冷水用量比例为 1 ∶ 5。

制作过程

1. 将全脂牛奶、淡奶油和细砂糖倒入锅中，将其稍微加热，关火，再边用手动打蛋器搅拌，边加入蛋黄，开小火，将其煮至 83~85℃。

2. 将可可酱砖和吉利丁块倒入盆中，再倒入“步骤 1”。

3. 用均质机将“步骤 2”搅打至完全乳化，最后将其贴面覆上保鲜膜，放入冰箱中冷藏静置一夜，使用时再将其取出，装入裱花袋中，进行后期的操作。

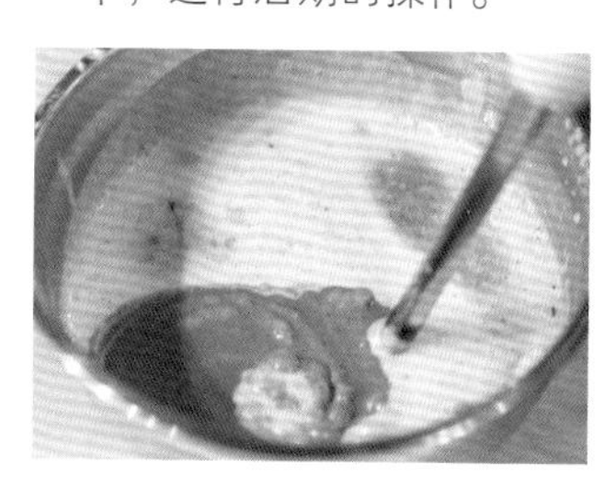

淋面

材料

- 水……………………262 克
- 细砂糖………………626 克
- 淡奶油………………468 克
- 葡萄糖浆……………232 克
- 转化糖……………… 68 克
- 12% 黑可可粉 ……174 克
- 吉利丁块……………175 克

材料说明

12% 黑可可粉

可可粉是由可可豆加工制作出的一类产品，按可可脂的含量来分，可以分为高脂可可粉（可可脂含量≥20.0%）、中脂可可粉（14.0%≤可可脂含量<20.0%）、低脂可可粉（10.0%≤可可脂含量<14.0%）。一般情况下，可可粉的制作过程中不添加任何添加剂的话，制作出来的是浅棕色粉末，其不能直接用水冲服；如果采用碱化工艺，可以制作出颜色多变的可可粉，统称为碱化可可粉，其可以用于任何食品的生产，可操作性非常强。

本次使用的是可可脂含量在12%的黑色可可粉。

吉利丁块

本配方中的吉利丁块为吉利丁粉与冷水泡发后熔化、凝固而得，吉利丁粉与冷水用量比例为1∶5。

制作过程

1. 将水和细砂糖放入锅中，煮至118℃，再加入温热的淡奶油、葡萄糖浆、转化糖、黑可可粉，边用手动打蛋器搅拌，边将其煮沸，保证其持续沸腾1分钟即可，最后将其倒入盆中，用均质机搅打至完全乳化。

2. 加入吉利丁块，用均质机搅拌均匀，再贴面覆上保鲜膜，放入冰箱中冷藏保存。

组装装饰

材料

- 可可豆碎……………………适量
- 盐之花………………………适量

制作过程

1. 用圆形裱花嘴在冷却好的泡芙底部平均戳4个孔洞，再将黑巧克力奶油从孔洞中挤入泡芙内部，挤满，最后将底部溢出的奶油刮干净，放入冰箱中，冷冻。

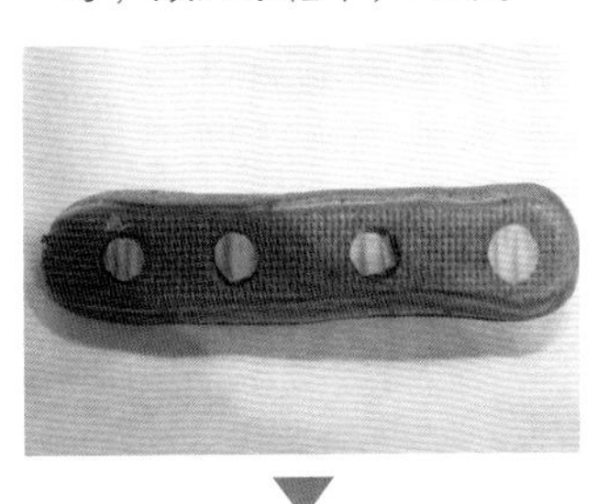

2. 将淋面取出，再用均质机搅打顺滑。将泡芙从冰箱取出，表面朝下浸入淋面中，直至表面完全包裹一层淋面。

3. 取出泡芙，用手抹去边缘的多余淋面，再将其放在烤盘上，待表面淋面稍微凝固后，撒上少许可可豆碎和盐之花。

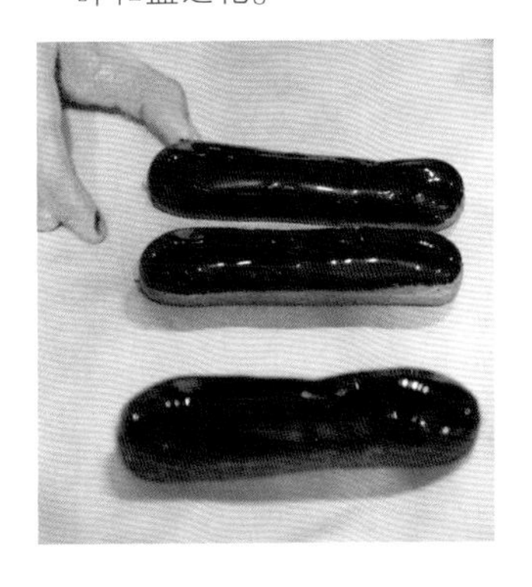

本款产品的淋面使用温度为30℃，在使用淋面前，须将其温度调整到位。

榛果酱流心泡芙

知识点 吉士粉有什么作用?
珍珠糖的装饰作用

榛子榛果酱奶油

材料

- 半脱脂牛奶……… 1500 克
- 细砂糖………………300 克
- 吉士粉………………150 克
- 蛋黄…………………300 克
- 黄油（软化）………400 克
- 榛果酱………………500 克
- 榛子泥………………125 克

材料说明

吉士粉：吉士粉大致有普通吉士粉、即溶吉士粉两类，其中即溶吉士粉可以直接与水或者牛奶混合搅打成酱汁状。在这里用的是普通吉士粉，其具有浓郁的奶香味和果香味，成分组成比较复杂，含有淀粉、疏松剂、稳定剂、食用香精、食用色素、填充剂等。常用于制作卡仕达酱。

制作过程

1. 将半脱脂牛奶倒入锅中，加入一半的细砂糖，加热将其煮沸。

2. 另将吉士粉、蛋黄和剩余的细砂糖放入盆中，用手动打蛋器搅拌均匀。

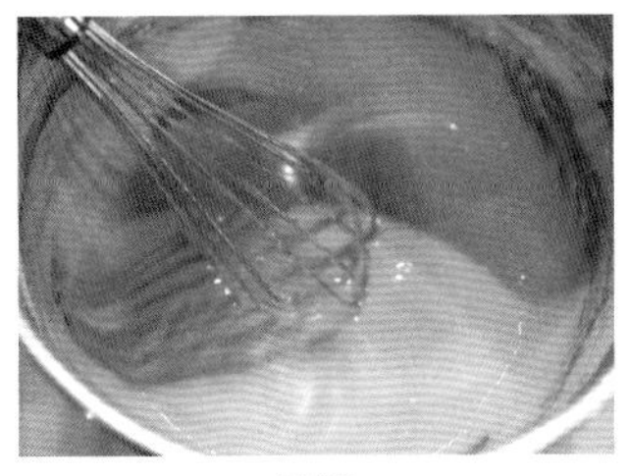

3. 将“步骤 1”冲入“步骤 2”中（边冲、边搅拌），用手动打蛋器搅拌均匀。

4. 回倒入锅中，用小火继续加热，其间需要一直搅拌，直至煮至浓稠且带有光泽的状态。

5. 先在烤盘上铺一层保鲜膜，倒入“步骤 4”，用保鲜膜完全包住，放入冰箱冷藏，至其完全冷却。

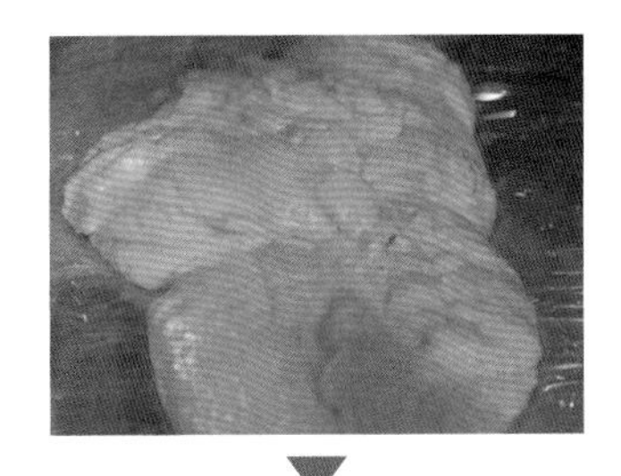

6. 取出，将其倒入搅拌桶中，用网状搅拌器将其搅打至顺滑状态。

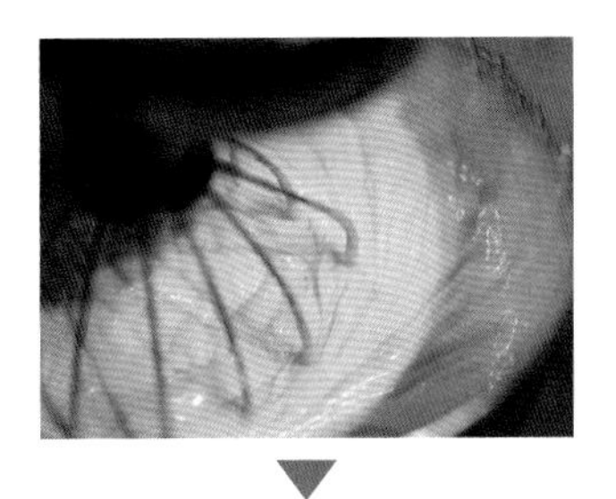

7. 另将软化黄油倒入盆中，加入榛果酱和榛子泥，用手动打蛋器搅拌至顺滑状。

8. 将“步骤 7”分次加入“步骤 6”中，以中高速混合搅拌均匀，再将其倒入盆内，放入冰箱冷藏，备用。

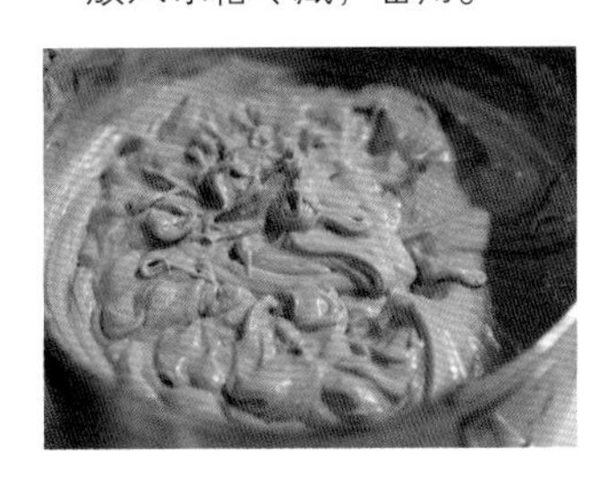

榛子榛果酱夹心

材料

- 榛果酱……………………300 克
- 榛子泥……………………100 克
- 水…………………………140 克

制作过程

将所有材料放入盆中，用手动打蛋器搅拌均匀，再用橡皮刮刀将盆壁边缘刮干净，备用。

泡芙面团

材料

- 水…………………………146 克
- 半脱脂牛奶………………146 克
- 黄油………………………146 克
- 细砂糖………………………6 克
- 细盐…………………………6 克
- T65 面粉…………………174 克
- 全蛋………………………277 克
- 扁桃仁碎…………………200 克
- 珍珠糖（碎颗粒状）……200 克

材料说明

·**珍珠糖：**与白砂糖相比，珍珠糖是不透明的，且不易溶解、不易烘烤变色，常用于烘焙产品的顶部装饰。珍珠糖的颗粒有大有小，可以根据需要选购。

·在后期装饰时，混合珍珠糖与扁桃仁碎放在烤盘一侧，然后颠动烤盘使装饰物移动，至每个面糊表面沾满即可。

制作过程

1. 将水、半脱脂牛奶、黄油、细砂糖和细盐加入锅中，加热煮沸，关火。

2. 加入 T65 面粉，使用刮刀混合搅拌均匀，再开小火加热，不停翻拌至锅底出现一层薄膜。

3. 离火，将混合物倒入搅拌桶中，用中速搅打至收干水分，温度在 60~70℃之间。

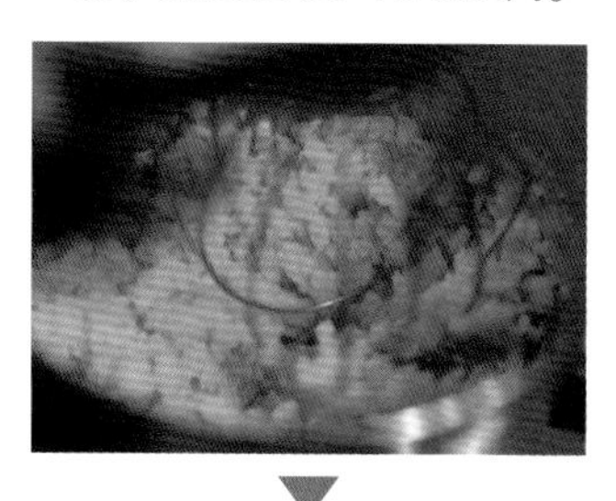

4. 继续搅拌，缓慢加入全蛋，待全蛋添加完毕后，改用中速继续搅拌至面糊舀起后呈现倒三角状，形成基础泡芙面糊（温度在 40℃左右）。

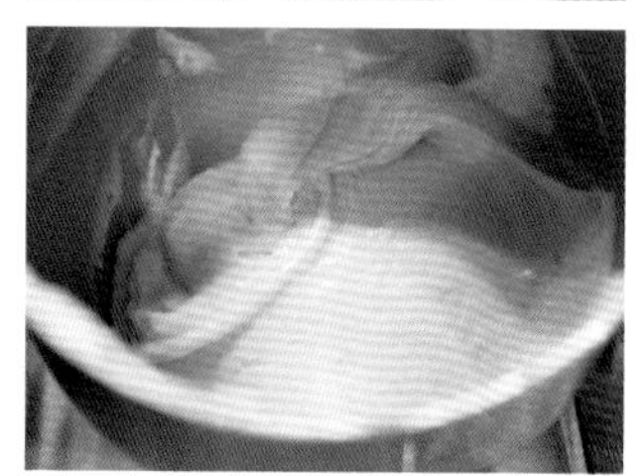

5. 将泡芙面糊装入带有圆形裱花嘴的裱花袋中，挤在带有硅胶垫的烤盘上，呈圆形。

6. 将珍珠糖与扁桃仁碎混合，倒在“步骤 5”的烤盘上方部位，再用双手上下左右晃动烤盘，使泡芙表面均匀沾上混合物。

7. 将“步骤 6”放入温度为 175℃的风炉中，烘烤约 20 分钟，再将其取出，转移到另一个烤盘中，冷却降温。

组装装饰

材料

· 防潮糖粉……………………适量

工具与制作说明

本次在切割泡芙时，使用了高度为 0.8 厘米的亚克力板作为“分量器”。如果没有条件，可以不使用，或者使用相同或者近似高度的木板等替代。主要目的是为了泡芙的切割更加平均。

制作过程

1. 将泡芙放在高度为 0.8 厘米的两块亚克力板之间，用刀将其沿着板的上沿切开，分成上下两个部分。

2. 将榛子榛果酱奶油装入带有锯齿裱花嘴的裱花袋中，将泡芙的下半部分放在托盘中，在其边缘处挤上一圈奶油。

3. 将榛子榛果酱夹心装入裱花袋中，挤在“步骤 2”的中心处。送冰箱冷冻定型。

4. 取出，再在边缘处挤上两圈榛子榛果酱奶油。

5. 继续在中心处挤上榛子榛果酱夹心，与侧面的榛子榛果酱奶油保持齐平。送冰箱冷冻定型。

6. 取出，沿着其中心部位挤上两圈榛子榛果酱奶油。

7. 用圈模压在泡芙的上半部分处，去除多余部分，使整体形状更统一。而后在其表面撒上防潮糖粉。

8. 将“步骤7”盖在“步骤6”上。

第6章

果酱与抹酱

基础知识

基本特性

果酱多是含糖量比较高的水果类产品；而抹酱中有的含糖量高，有的则是含油脂量较高。

果酱和抹酱多被当作辅料，用于主餐的调味或者材料质地的调和。比如用于三明治、饼干等作为夹心馅料。

因为产品是高油或者高糖，所以每次不宜食用过多。但也是因为这个原因，产品都可以较长时间存放。

保存

酱自身不易滋生细菌，但也需要注意给予产品好的储存环境，杜绝细菌滋生和霉变。

给产品一个“无菌”的储存环境

长时间储存需要注意全方位的杀菌和消毒，所以在使用前需要对承装器皿进行高温消毒。选用玻璃瓶进行盛装，须将瓶身、瓶盖等全部盛装部件在沸腾的水中持续煮10 分钟以上，取出后，将盖子和玻璃罐都倒扣沥干水分。须注意操作过程中切忌用手触摸罐子内部。

避免有过多的空气与产品共存

空气中的氧气与产品过多接触的话，会增大霉菌或者其他好氧型细菌的繁殖，所以将产品注入盛器内时，尽量注满。密闭时，注意盖子一定要盖严实，隔绝外部空气。

藏红花香橙桃子果酱

知识点　柠檬酸溶液

材料

- 水蜜桃…………… 1000 克
- 橙子…………………500 克
- 藏红花……………… 30 根
- 橙汁…………………400 克
- 幼砂糖………………200 克
- 桃子果蓉………… 1000 克
- 幼砂糖…………… 1500 克
- 柠檬汁……………… 20 克
- 幼砂糖………………100 克
- NH 果胶粉 ………… 18 克
- 柠檬酸溶液………… 10 克

材料说明

水果预处理： 将水蜜桃、香橙洗净，切成小块（约 1 厘米厚），方便后期处理。要使用完全成熟的水果。

NH 果胶粉： 果胶粉来源于蔬菜和水果，主要成分是糖类，未使用前呈现出带有水果风味的粉末状，常用于果酱和镜面等产品的凝固。

柠檬酸溶液： 柠檬酸是一种重要的有机酸，又名枸橼酸，为无色晶体，无臭，有很强的酸味，易溶于水，普遍用于各种饮料、汽水、酒、糖果、点心、饼干等食品的制造中。使用前可先与水混合成溶液，未来再与其他材料混合，可节省混合时间。混合用水量根据自己对酸味的要求决定即可。

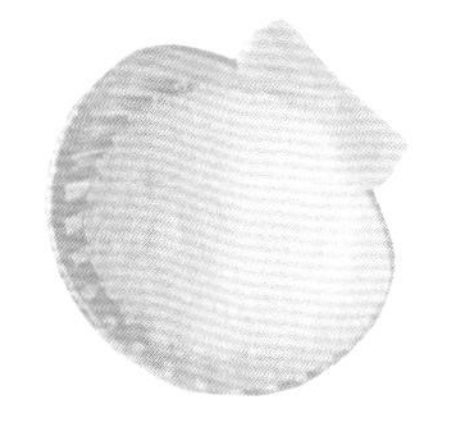

△ 柠檬酸（颗粒）

藏红花： 一种中药材，有活血化瘀等功效。藏红花含有多种芳香物质，有着独特的香气。

工具与制作说明

水果熬煮完成后，浸泡 24 小时可以使藏红花等的风味更好地发挥出来。再次熬煮时添加凝胶材料，并使用手持料理棒搅拌至均匀。

需要使用糖度仪对产品进行糖度测量，本次制作的糖度至 64 波美度。波美度太高的话，水果味道会很淡；低的话，保质期会缩短。

保存盛器需要经过高温消毒，并干燥。产品常温保存可放 3 个月以上。

糖浆的糖度可以用波美度（° Bé）来表示。把波美比重计浸入所测溶液中，得到的度数就叫波美度。波美度越高，则糖浆浓度越高。

制作过程

1. 将水果洗净。橙子去皮，去除经络，取果肉切成小块。桃子去核，将果肉切成小块，备用。

2. 将橙汁、藏红花、幼砂糖（200 克）、柠檬汁放入大锅中，加热煮沸，再加入切好的水果一起煮开。

3. 加入桃子果蓉、幼砂糖（1400克）和柠檬汁，继续加热煮开，沸腾两分钟至糖化，之后倒入盆中，用油纸贴面封口（稍留一个孔，或者在表面扎一些小洞），浸泡24个小时。

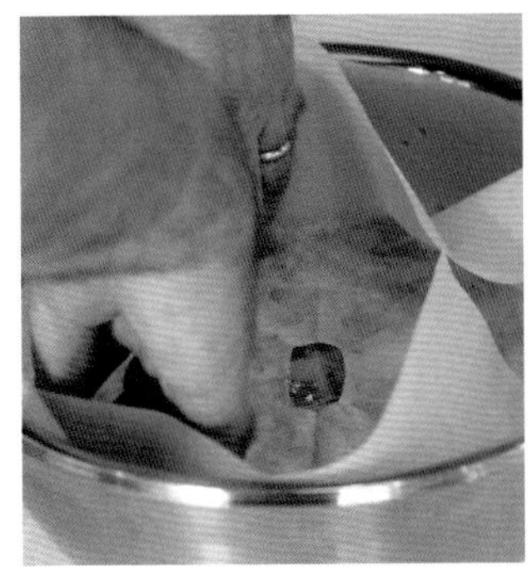

4. 将“步骤3”再倒入锅中，加热煮沸，加入幼砂糖（100克）和NH果胶粉的混合物，小火煮至64波美度（果酱温度在25℃时，使用糖度仪进行测量）；如果不需要过甜，可以煮至30波美度。

5. 用手持料理棒将大块状的水果搅打成碎块状。

6. 加入柠檬酸溶液，搅拌均匀。

7. 倒进量杯中，然后趁热再倒进玻璃瓶中至九分满或十分满，完成后拧紧盖子。倒扣，使内部自然真空，可保存3~6个月。

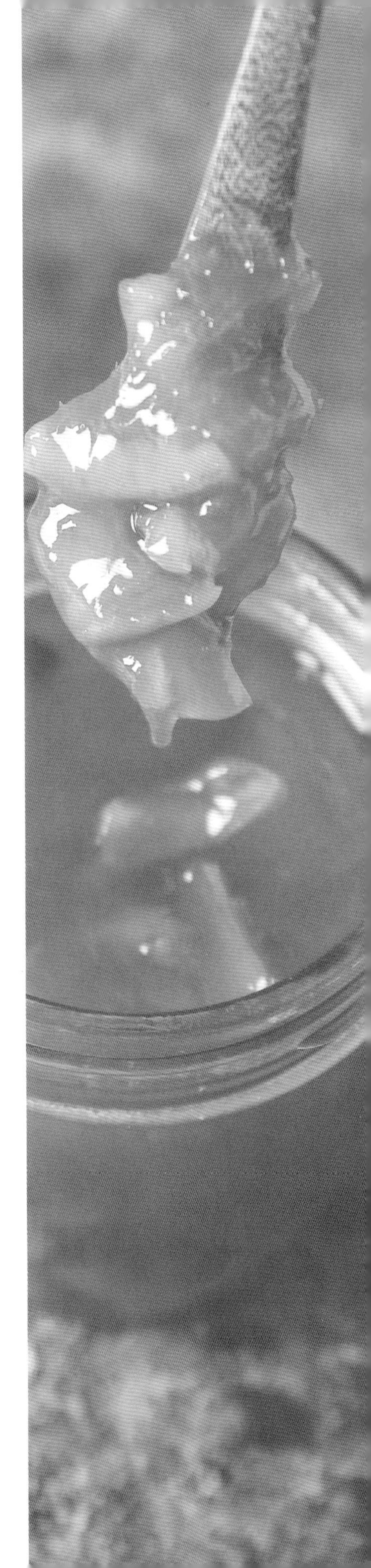

咸黄油焦糖抹酱

知识点 艾素糖的使用
卵磷脂及相关材料的使用
可可脂的正确使用

材料

- 淡奶油················880 克
- 艾素糖·················400 克
- 葡萄糖浆··············600 克
- 有盐黄油··············200 克
- 幼砂糖·················600 克
- 卵磷脂 / 大豆磷脂 ······5 克
- 可可脂·················240 克

材料说明

艾素糖

属于大颗粒糖,质地均匀,外形圆滑,是以蔗糖为原料经过异构转化制得,甜度是蔗糖的 42% 左右。艾素糖具有高度的稳定剂,没有还原性,即便在强酸或强碱的环境下也不易水解,不易产生色素,不易与其他材料和成分发生化学反应,也不易被其他微生物利用或寄生,吸水性也较小,所以可以长时间保存不变质。

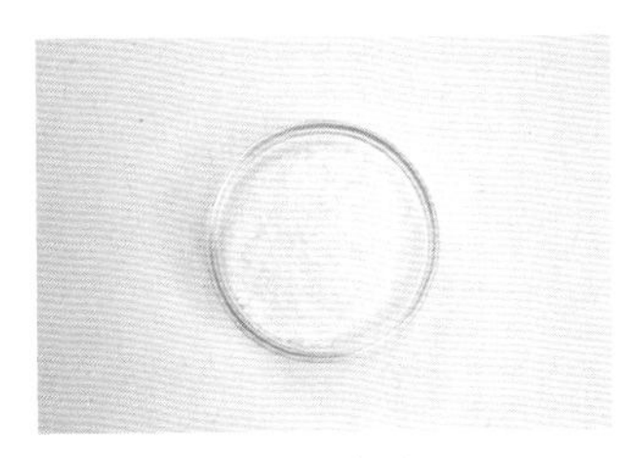

△ 艾素糖

卵磷脂

一种天然的乳化剂,可以帮助油性和水性材料更好地混合。烘焙用卵磷脂多是来自大豆磷脂。在日常制作中,我们常用的蛋黄中就含有卵磷脂("卵磷脂"这个词语来自希腊语,指的就是蛋黄的意思)。

大豆磷脂

是大豆的提取物,由卵磷脂、脑磷脂等多种成分组合而成,多以黏稠液体或者固体粉末状呈现,具有较强的乳化性能。

△ 大豆磷脂

可可脂

可可脂是从可可原浆里提取出来的天然植物油脂,是制作巧克力的必备原料。可可脂的熔点接近人体的温度。以 27℃为节点,可可脂在 27℃以下时,呈固体状态;27℃至 35℃,开始熔化;直到 35℃时,可可脂会完全熔化。所以可可脂在室温的状况下能保持固态,进入人的口中又能很快熔化。

市售产品中纯可可脂呈乳白色,有的是块状,有的是币状。

△ 纯可可脂(币状)

△ 纯可可脂(块状)

制作过程

1. 将淡奶油、艾素糖、葡萄糖浆和有盐黄油放在锅中,小火加热将糖煮化。

2. 另取一个复合底锅,将幼砂糖分次加入锅中进行熔化,干熬成焦糖,170℃左右。

3. 将"步骤 1"中的液体分两次冲入焦糖中,搅拌均匀,以中火煮至 107℃,离火。

4. 加入卵磷脂（或者大豆磷脂）和可可脂，用手持料理棒将焦糖酱搅打至均匀顺滑。

5. 将制作好的焦糖酱趁热倒进玻璃罐中，拧紧瓶盖，倒扣冷却，至还具有流动性时，将玻璃罐正放，实现真空保存。

榛子巧克力抹酱

知识点　50%榛果酱与100%榛果酱对比

葡萄糖浆对产品的作用

转化糖浆对产品的作用

占度亚

材料

- 58% 黑巧克力 ……650 克
- 50% 榛果酱 ………350 克

材料说明

50% 榛果酱：属于榛果酱混合产品，其中榛果产品占比 50% 左右，其他 50% 含有砂糖、香精等。榛果占比越高，油脂含量越高，颜色越深，如图可对比 50% 与 100% 的榛果酱产品。

△ 50% 榛果酱

△ 100% 榛果酱

制作过程

将黑巧克力加热熔化，再加入榛果酱，拌匀即可。

总体制作

材料

- 水……………………112 克
- 幼砂糖………………312 克
- 葡萄糖浆……………260 克
- 淡奶油…………… 1000 克
- 转化糖浆……………160 克
- 占度亚…………… 1175 克

材料说明

葡萄糖浆

葡萄糖浆属于淀粉延伸物，又称液体葡萄糖、葡麦糖浆，是一种以淀粉为主要原料，在酸或者酶的作用下产生的一种糖浆，含有的主要成分有葡萄糖、麦芽糖、麦芽三糖、麦芽四糖及四以上糖等。是还原性糖，易发生褐变反应。

在常见的液体糖中，葡萄糖浆的甜度是较低的，并且它具有良好的锁水性和保湿性，可以使烘焙类食品保持水分恒定，松软可口；有适宜的黏稠度，可提高产品的稠度，提高体验感；具有良好的吸湿性，可以保持产品的松软，改善产品的口味及延长保质期。

△ 葡萄糖浆

转化糖浆

转化糖浆属于蔗糖延伸物，是浅色甜味剂，是蔗糖在稀酸或者酶的作用下水解形成等量的葡萄糖和果糖混合物，再进行适度中和，产生的混合物。

转化糖浆一般含有 75% 左右的葡萄糖和果糖，以及 25% 左右的蔗糖。

转化糖具有很强的抗结晶性和吸湿性，所以能限制蔗糖的结晶程度，利于糖果的制作，特别适用于需要高浓度的糖制品，在产品中使用转化糖能延长许多物品的保存期。

△ 转化糖浆

制作过程

1. 将水、幼砂糖和葡萄糖浆放入锅中，加热至 175℃，煮成焦糖。

2. 另取一个锅，放入淡奶油、转化糖浆，加热至沸腾，分两次冲入“步骤 1”中，搅拌均匀。

3. 加入占度亚，用均质机搅打均匀即可。

4. 将制作好的焦糖酱趁热倒进玻璃罐中，至九分满，再拧紧瓶盖。倒扣冷却，再将玻璃罐正放，可长时间保存。

橙子香蕉果酱 / 巧克力果酱

知识点 铜锅的使用
均质机的使用

材料

- 橙子果酱……………180 克
- 香蕉…………………500 克
- 橙汁…………………500 克
- 柠檬汁………………20 克
- 幼砂糖………………600 克

工具与制作说明

铜锅

本次制作来自一位日本老师，其使用的熬煮工具是铜锅。该铜锅是日本和果子熬煮豆沙使用的工具，也可以用于熬糖、熬果酱。其受热均匀，使熬煮物不容易出现焦化的现象，是比较好的制作含糖类产品的加热容器。但是其没有手柄，对于制作即时性使用的产品可能不适宜，比如意式蛋白霜的制作。本次制作可以用复式底锅来替换。

△ 铜锅

均质机

后期混合时使用均质机或者手持料理棒，在一定领域内，两者指代一种搅拌工具，使用与基础功能都相似，都带有多个刀刃，能够快速混合食材。

在甜点制作中，两者有一定的指代区别，主要在于刀头的组合与个数。一般来说，均质机是 4 个刀头，组合呈十字形；料理棒有 2 个刀头，组合呈 S 形或者一字形。刀头数少的话，在搅拌过程中裹入空气的概率要大一些；刀头数多，可以进一步消除气泡，使质地更加均匀。在甜品淋面制作时，为了减少气泡的产生，一般建议使用的都是均质机（均质机的功率比较大，在使用时，不可长时间持续使用，避免烧坏机器）。本次制作也需要尽量减少产品内部的气泡。

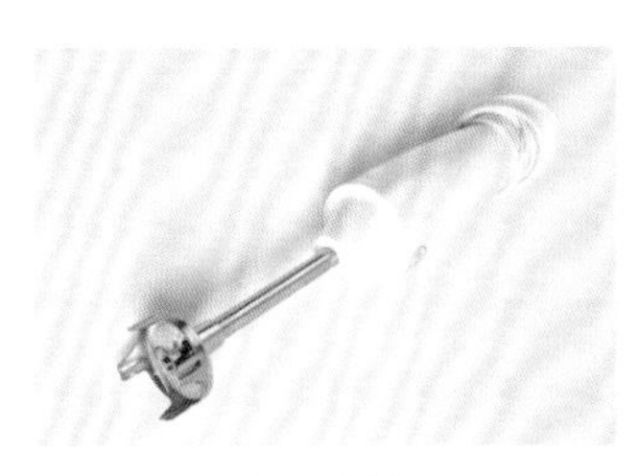

△ 均质机

制作过程

1. 将香蕉去皮切块，而后将所有材料混合倒入铜锅中，加热煮至沸腾，用刮刀搅拌均匀。关火。

2. 用均质机搅匀，而后煮沸，将果酱装入专用容器中，贴上标签即可。

延伸：橙子香蕉巧克力果酱

材料

- 橙子果酱……………180 克
- 香蕉…………………500 克
- 橙汁…………………500 克
- 柠檬汁………………20 克
- 幼砂糖………………600 克
- 可可酱砖……………100 克

材料说明

可可酱砖：可可酱砖属于巧克力产品，产品参数中也有百分比数值，与一般巧克力产品不同的是，一般巧克力的百分比指的是可可固形物含量，但可可酱砖指的是可可脂含量，如 54% 可可酱砖，指的是其可可脂含量为 54%。可可酱砖的颜色是黑色或者棕色。

△ 可可酱砖

制作过程

1. 将香蕉去皮切块，和橙子果酱、幼砂糖、橙汁和柠檬汁混合后倒入铜锅中，加热煮至沸腾，用刮刀搅拌均匀，关火。

2. 用均质机搅拌均匀，再煮沸。

3. 加入可可酱砖，煮沸搅匀。

4. 倒入已消毒的容器中，盖好盖子。

榛果抹酱

知识点 澄清黄油的制作

材料

- 50% 榛果酱 ………600 克
- 100% 榛果膏………300 克
- 奶粉………………… 75 克
- 盐……………………… 1 克
- 41% 牛奶巧克力 …330 克
- 葡萄籽油…………… 30 克
- 澄清黄油…………… 20 克

材料说明

澄清黄油

黄油中除了油脂外，还有一些水分和牛奶固形物。将黄油加热熔化后静置，可以使油水分离，再过滤去除固形物，就可以得到澄清黄油，如下图所示。所以澄清黄油的油脂成分极高，可以提升烘焙产品的酥松质感；且因其成分较单纯，性质稳定，相比于普通的黄油产品，澄清黄油的烟点有一定的提高，对高温的烘烤和烹调更加友好（黄油中的成分复杂，所以黄油烟点比其他食用油要低，焦化温度也比较低）。

澄清黄油的制作方法

1. 将黄油加热至完全熔化，表面出现浮沫，整体出现分层现象。

2. 离火，使用滤纸进行过滤，除去固形物和浮沫（水分）。放置冰箱冷藏保存。

葡萄籽油

相比较黄油、起酥油等，葡萄籽油的饱和脂肪酸含量更低。其颜色清，味道淡，在酱汁等产品的制作中，常用于稠稀度的调节，可以根据需求添加。

制作过程

1. 将两种榛果酱倒入盆内，混合搅拌均匀。

2. 加入奶粉，搅拌均匀（奶粉的作用是吸收基底内的油脂）。

3. 加入盐、熔化的牛奶巧克力、葡萄籽油，混合搅拌均匀（葡萄籽油的用量可以自由斟酌，配方用量只供参考）。

4. 从冰箱中取出澄清黄油，如果已经完全凝固了，先使用部分“步骤 3”与其混合至质地相融，再与其他的“步骤 3”完全混合。

5. 将酱汁倒入瓶内，盖上盖子密封（在常温下可保存 1 年左右）。

咸焦糖抹酱

知识点 盐之花

材料

- 35% 淡奶油 ………750 克
- 转化糖……………… 45 克
- 盐之花………………… 4 克
- 香草荚………………… 2 根
- 葡萄糖浆……………225 克
- 幼砂糖………………300 克
- 艾素糖………………225 克
- 黄油…………………… 30 克
- 可可脂末…………… 50 克
- 41% 黑巧克力 ……150 克

材料说明

盐之花

盐之花有“海盐中的皇后”的美称（其法语是“fleur de sel”）。它是快速集聚的氯化钠，呈晶体状。在取材制作时，没有接触到盐田的底部，而是选择漂浮在海面上的一层白色半透明结晶体，在每年的6月至10月收集，其不含普通海盐的沉积粒子，表面雪白。

“盐之花”的制作十分耗费人力且产量少，价格昂贵，一般不作为烹调用盐。通常是直接撒在菜品表面，如鹅肝、芦笋、牛排、海鱼等。在味道细致的料理制作中，盐之花能更加凸显食材的本味，使味道更加澄澈干净而柔和平衡，这是由于“盐之花”中含有微量藻类等物质。

盐之花咸而不苦，味道层次非常丰富。不宜久煮。

法国的 Camargue（卡马格）海盐是非常著名的，其地区生产的盐之花还被称为“鱼子酱盐”。除了卡马格地区之外，法国还有一个地区盛产优质“盐之花”，即法国西北部布列塔尼的 Guerande（盖朗德），其出产的盐之花名为“fleur de sel de Guerande”。

可可脂末

以粉末状呈现的可可脂。

制作过程

1. 将淡奶油、转化糖、盐之花和香草籽加入锅中，加热煮沸。

2. 另将葡萄糖浆放入锅中，加热至有一定的流动性，分次加入幼砂糖进行溶化，再分次加入艾素糖，搅拌至糖化，熬至175℃（煮制成焦糖）。

3. 加入黄油，混合搅拌均匀，离火。

4. 缓慢加入煮沸的“步骤 1”，搅拌均匀，继续加热至沸腾。

5. 加入黑巧克力和可可脂末，使用均质机进行均质乳化。

6. 将混合物倒入量杯中，注入罐子内至十分满，拧上盖子，倒扣在桌面上冷却。

第7章

糖果

基础知识

糖果的种类

在甜品制作中，糖果的种类是非常多的。从组合上来看，有多层次的糖果，比如巧克力糖果；也有单层的糖，比如牛轧糖等。从软硬程度上来看，有硬糖，也有软糖。从制作方法上来看，糖果可以分成糖浆类糖果及其他类糖果。

本章主要介绍几种糖果，包括棉花糖、果味软糖、牛轧糖、生巧、组合类巧克力糖果，各有特性。

糖浆用于糖果

糖浆是以糖（颗粒性糖或液态糖）和水为主要材料熬煮而成，至不同的温度，糖浆的色彩和口味不一样。

糖浆具有高黏性，可以合并聚拢气泡，且糖浆的高温有杀菌作用。

不同温度下的糖浆性状

100℃

用木铲挑起来，粘在上面的糖浆会迅速地往下掉，液滴呈圆球形状，不粘连。

110℃

用木铲挑起来，粘在上面的糖浆呈黏性，液滴粘连，直到积累足够重量才掉下去。

120℃

用木铲挑起来，粘在上面的糖浆往下掉落时连成一根糖丝，糖丝较粗且不均匀。

130℃

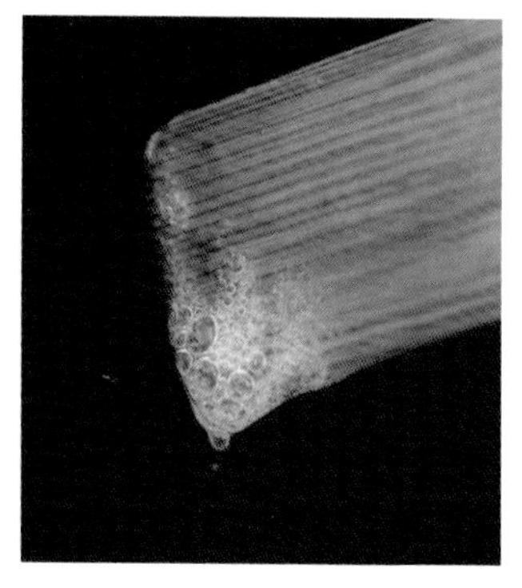

用木铲挑起来，糖浆会在木铲上形成很多小气泡。

150℃

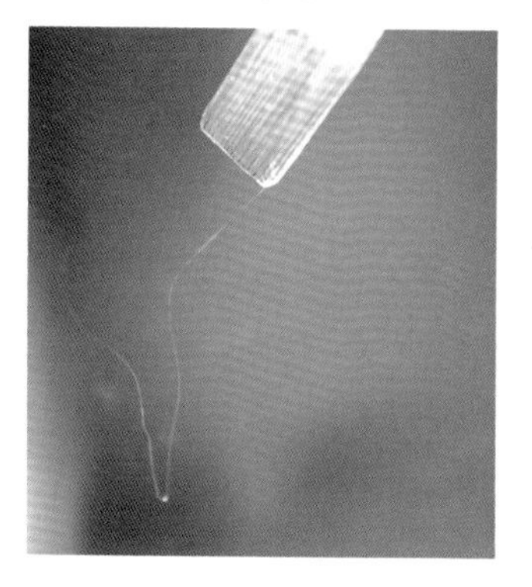

木铲上面的糖浆在滴落完之后，会形成一根很细的糖丝。

160℃

糖浆开始出现细密气泡，出现返砂现象，开始变色。

170℃

糖浆开始焦化，变成微黄的焦糖，在煮的时候可以明显地闻到焦糖的香味。

180℃

焦糖已经全部变黑，这时候的焦糖非常苦，闻起来苦味很浓烈，已经不具有糖的甜味了。

一般情况下，牛轧糖使用的糖浆温度较高，在130~160℃之间；棉花糖使用的糖浆温度在110~120℃之间。

果味糖果需要依据实际使用材料来看，如果用到酸性材料，一般煮至110~113℃。（常用的酸性材料有柠檬汁、塔塔粉等，也可以使用白醋、柠檬酸替代。如果水果本身酸性力度可以的话，就不必添加上述材料，比如使用百香果制作棉花糖。）

糖浆类糖果的形状可创意性较强，待其定型后可以通过切割完成产品制作。

巧克力用于糖果

巧克力糖果是糖果中比较大的一个类别，比如生巧、巧克力软糖与硬糖等。可以依靠巧克力的塑形能力制作出多层次的糖果，即夹心糖果。

利用巧克力的塑形能力时，需要注意对巧克力进行调温处理，详见后面的相关产品。

甘纳许糖果

知识点　山梨糖醇的作用

工具与制作说明

基础熬煮和加热只需使用复合底锅。涉及巧克力等相关材料的混合，一般使用均质机进行搅拌乳化。

本次制作有两种口味，分别是牛奶巧克力半球壳搭配焦糖巧克力甘纳许（外部裹可可粉），白巧克力壳搭配抹茶甘纳许（外部裹抹茶粉）。

焦糖巧克力甘纳许

材料

- 细砂糖……………………126 克
- 葡萄糖浆…………………12 克
- 有盐黄油…………………52 克
- 淡奶油……………………218 克
- 黑巧克力币………………105 克

制作过程

1. 在锅中倒入葡萄糖浆和细砂糖，加热煮成焦糖，加入有盐黄油和淡奶油，搅拌均匀，而后隔冰水降温至 45℃。

2. 将“步骤 1”倒入黑巧克力币中（巧克力币接触面积小，遇热熔化得很快），而后用均质机搅拌均匀。

抹茶甘纳许

材料

- 抹茶粉……………………9 克
- 淡奶油……………………141 克
- 山梨糖醇…………………32 克
- 白巧克力…………………307 克
- 转化糖……………………28 克
- 可可脂……………………32 克
- 无盐黄油…………………18 克

材料说明

山梨糖醇

又称山梨醇、D- 山梨糖醇等，呈无色针状结晶或白色晶体粉末状，是以葡萄糖为基础、在催化剂存在的情况下经过加氢反应而制成的糖类，甜度约为蔗糖的一半，能量与蔗糖相近。在食品加工中，可以承受 200℃左右的高温而不变色，耐酸、耐热。被人体食用后，在体内不会转变成葡萄糖，所以不受胰岛素的影响。

山梨糖醇有吸湿、保水作用，在口香糖、糖果生产中加入少许可起保持产品柔软、改进组织和减少硬化起砂的作用。

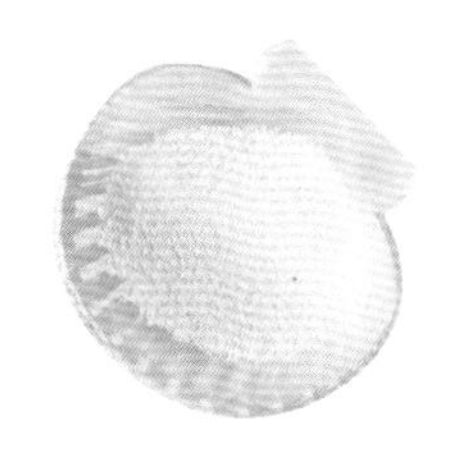

△ 山梨糖醇

制作过程

1. 将淡奶油和抹茶搅拌均匀，加入山梨糖醇搅拌均匀。

2. 倒入锅中，加热至 45℃。

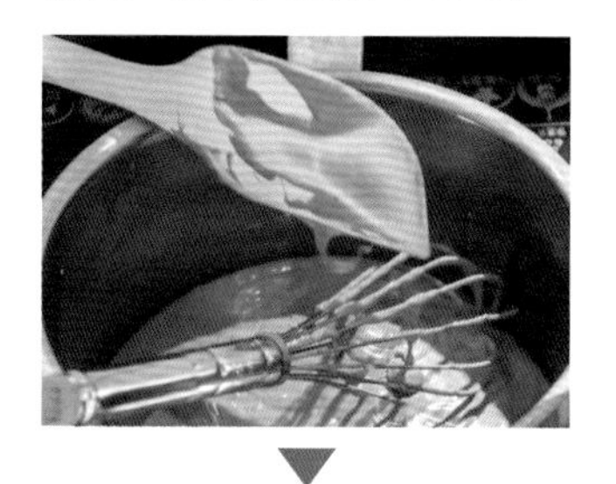

3. 将白巧克力隔热水熔化，加入转化糖和可可脂搅拌均匀，加入“步骤2”，倒入量杯中，用均质机搅拌均匀，再加入无盐黄油（软化后的）搅拌均匀即可。

组合：抹茶口味（抹茶甘纳许）

材料

- 白巧克力……………300 克
- 抹茶粉………………100 克
- 白巧克力空心球……60 颗

材料说明

白巧克力空心球可以直接买市售产品，一般单板是63粒左右。

制作过程

1. 将白巧克力隔温水熔化，加入50克抹茶粉搅拌均匀。

2. 将抹茶甘纳许装入裱花袋中，挤入白巧克力空心球中，放入冰箱冷藏，凝固定型。

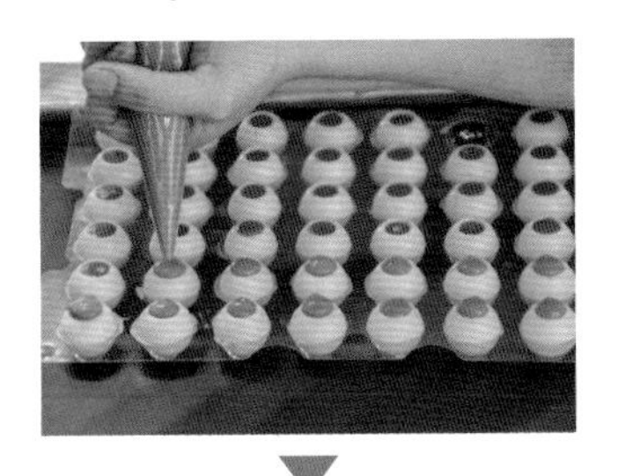

3. 取出巧克力球，蘸上一层“步骤1”。

4. 再放入剩余的抹茶粉中，裹上一层抹茶粉即可。

组合：可可口味（焦糖巧克力甘纳许）

材料

- 牛奶巧克力…………300 克
- 牛奶巧克力空心球…60 颗
- 可可粉………………100 克

材料说明

牛奶巧克力空心球可以直接买市售产品，一般单板是63粒左右。

制作过程

1. 将牛奶巧克力隔温水熔化。

2. 将焦糖巧克力甘纳许挤入牛奶巧克力空心球中，放入冰箱冷藏凝固，取出，蘸上一层“步骤1”，之后再裹上一层可可粉即可。

杏桃百香果棉花糖

知识点 棉花糖的储存

材料

- 百香果果蓉…………275 克
- 杏桃果蓉……………125 克
- 细砂糖………………600 克
- 转化糖 1……………200 克
- 吉利丁粉……………45 克
- 水（吉利丁粉用）…90 克
- 转化糖 2……………250 克
- 糖粉…………………200 克
- 玉米淀粉……………200 克

材料说明

·熬煮糖浆时，如果材料中有酸性果蓉物质，一般煮至110~113℃即可。

·本次使用的吉利丁粉加水泡开时，只需用其重量两倍的水即可，因为棉花糖中的水分少一些，所以是用2倍水浸泡一晚上；若用5倍的水，棉花糖的口感会变软。

制作过程

1. 将百香果果蓉、杏桃果蓉、细砂糖、转化糖1加入锅中，用刮刀搅拌均匀并煮到112℃。

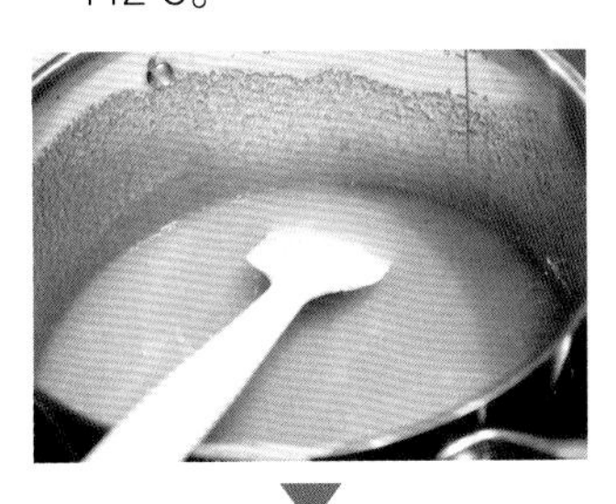

2. 另将泡好的吉利丁粉和转化糖2加入搅拌缸中。

3. 将煮好的“步骤1”加入到“步骤2”中，用网状打蛋器中速打发至浓稠状。

4. 在刮刀上喷上脱膜油，取“步骤3”装入带有小圆裱花嘴的裱花袋中。将面糊挤在垫有硅胶垫的烤盘中，成小圆点状。

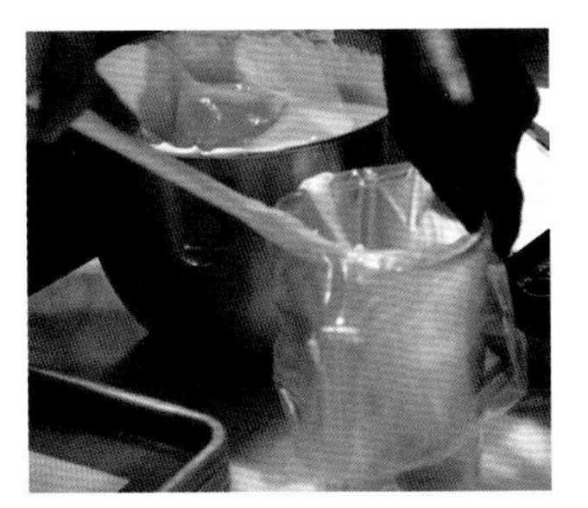

5. 将玉米淀粉和糖粉混合过筛，再用网筛均匀地撒在糖果表面。室温下放置一个晚上，晾干即可。

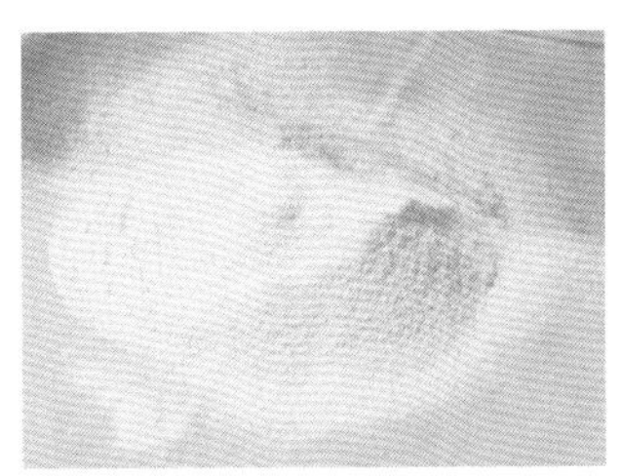

储存

本款产品是水果风味，甜度很高，酸度也较高，有一定的弹性和黏性，入口绵软，也易溶化。密封后可以在冰箱冷藏存放2个月左右。如果用于售卖，为了保证口感，建议售卖期限在一个星期内。包装可以用袋装、盒装，但须注意产品之间的防粘措施。

生巧：芒果百香果·草莓覆盆子·抹茶

知识点 带色糖粉的制作与使用

口味变化的设计

芒果百香果生巧

材料

- 33.6% 牛奶巧克力…100 克
- 33% 白巧克力 …… 70 克
- 可可脂……………… 18 克
- 芒果果蓉…………… 45 克
- 百香果果蓉………… 15 克
- 转化糖……………… 10 克
- 葡萄糖浆………………7 克
- 黄油………………… 10 克
- 樱桃白兰地………… 2.5 克
- 带色糖粉………………适量

材料说明

带色糖粉

使用白色糖粉(或白砂糖)与玉米淀粉按大约 10 ： 1 混合，再加入对应的色粉，入料理机中搅拌均匀，即可得到想要的带色糖粉。

除了使用带色糖粉来调节颜色外，还可以使用天然的果蔬粉。天然果蔬粉为新鲜果蔬或者籽实经过烘烤后再研磨制成的，常见的有芒果粉、胡萝卜粉、紫薯粉等（根据品牌的不同，有不同的添加物或者无添加物）。

工具与制作说明

本次制作的生巧需要凝固定型，可以使用特制的生巧模具；如果没有这种模具，可以使用常见的框模。框模没有上下底，所以需要给其制造一个“底”——用保鲜膜将其底部包起来即可，但是模具需要放在较为平整的地方。

△ 给圈模加“底”

制作过程

1. 将两种巧克力和可可脂放入盆中，隔水加热至有大约一半的量熔化（因为后期将与热量更高的糖浆混合，所以熔化一半即可），离火。

2. 另将两种果蓉、转化糖和葡萄糖浆放入锅中，加热至沸腾。

3. 将“步骤 2”倒入“步骤 1”中，混合搅拌均匀至巧克力完全熔化。

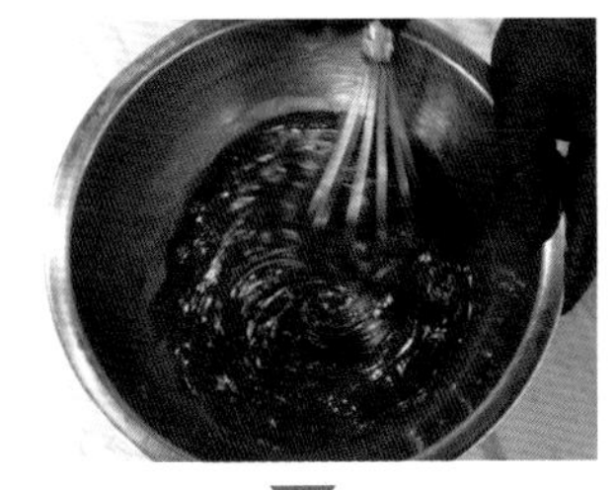

4. 加入黄油（黄油温度在 20℃左右），混合搅拌均匀。

5. 加入樱桃白兰地，充分混合均匀。

6. 将馅料倒入模具中，用刮刀将表面抹平整。

7. 贴面覆上保鲜膜，放入冰箱中冷藏。

8. 定型后取出，用刀将其切成合适的大小。

9. 在表面筛上带色糖粉进行装饰。

草莓覆盆子生巧

材料

- 33% 白巧克力 ……105 克
- 70% 黑巧克力 …… 55 克
- 可可脂……………… 16 克
- 覆盆子果蓉………… 60 克
- 草莓果蓉…………… 11 克
- 转化糖……………… 11 克
- 葡萄糖浆……………7 克
- 黄油………………… 11 克
- 覆盆子利口酒…………5 克
- 红色糖粉………………适量

制作过程

1. 将两种巧克力和可可脂放入盆中，隔水加热至有一半的量熔化，离火。

2. 另将两种果蓉、转化糖和葡萄糖浆加入锅中，混合搅拌均匀，再加热煮沸。

3. 将煮沸的“步骤 2”倒入“步骤 1”中，混合搅拌均匀，再降温至 35℃左右。

4. 加入黄油（黄油温度在 20℃左右），混合搅拌均匀。

5. 加入覆盆子利口酒，充分混合均匀。

6. 将馅料倒入量杯中，使用均质机充分搅打均匀。

7. 将馅料倒入慕斯框模中，使用刮刀或者刮板将表面抹平整。

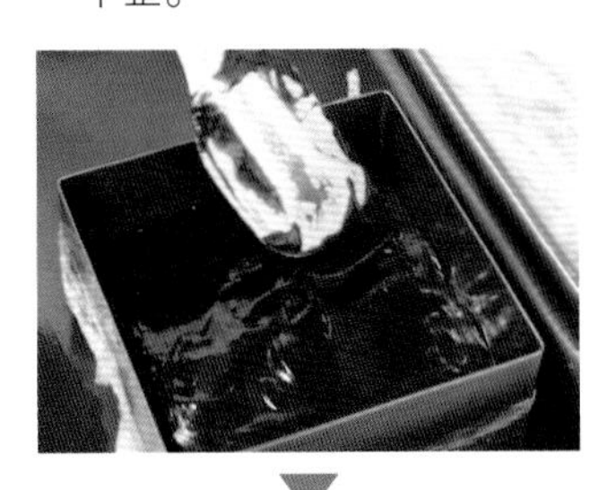

8. 在表面覆上一层保鲜膜，放入冰箱中冷藏。

9. 定型后取出，脱模，用刀将其切成合适大小。

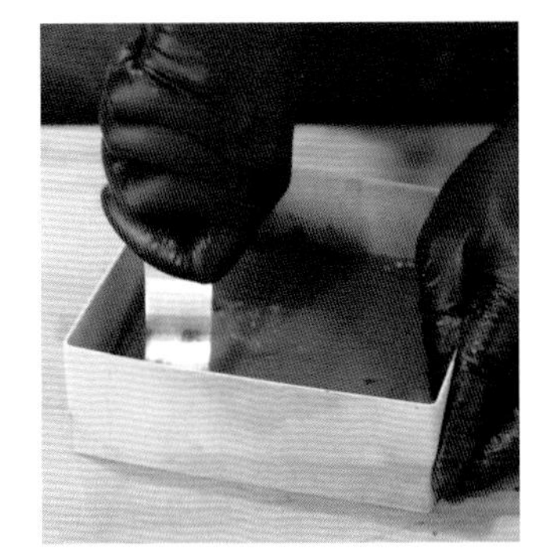

10. 在表面筛上红色糖粉装饰。

抹茶生巧

材料

- 33% 白巧克力 ……170 克
- 抹茶粉…………………… 8 克
- 淡奶油………………… 75 克
- 转化糖…………………… 9 克
- 葡萄糖浆………………… 5 克
- 黄油…………………… 10 克
- 樱桃白兰地………… 2.5 克
- 白色糖粉………………适量

制作过程

1. 将 33% 白巧克力和抹茶粉放入盆中，隔水加热至巧克力有一半的量熔化，备用。

2. 将淡奶油、转化糖和葡萄糖浆放入锅中，加热煮沸。

3. 将“步骤 2”倒入“步骤 1”中，用手动打蛋器混合搅拌均匀。

4. 加入黄油（黄油温度在20℃左右），混合搅拌均匀熔化。

5. 加入樱桃白兰地，混合均匀。

6. 将馅料倒入量杯中，使用均质机充分打匀。

7. 将馅料倒入模具中，用刮板将其表面抹平整。

8. 贴面覆上保鲜膜，放入冰箱中冷藏保存。

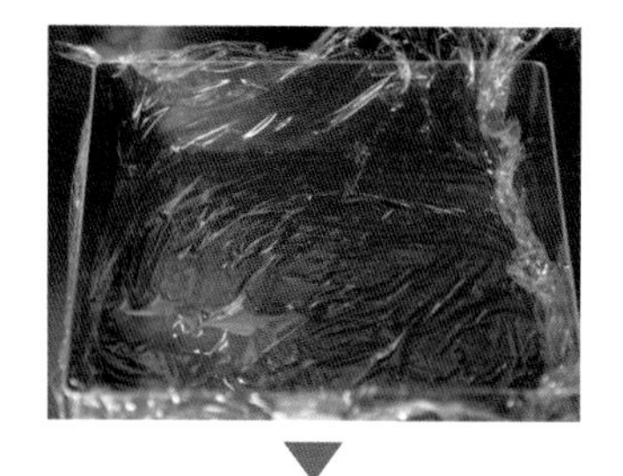

9. 定型后取出，脱模。用刀将其切成合适大小，在表面筛上糖粉即可。

开心果牛轧糖

材料

- 幼砂糖 1……………270 克
- 艾素糖………………220 克
- 水……………………145 克
- 葡萄糖浆…………… 90 克
- 蜂蜜…………………345 克
- 蛋白………………… 72 克
- 幼砂糖 2…………… 15 克
- 可可脂………………120 克
- 开心果泥…………… 80 克
- 烤过的扁桃仁………200 克
- 烤过的开心果………265 克
- 绿色色膏……………… 2 克
- 黄色色素（液体）… 2.5 克
- 葡萄糖粉（防粘）……适量

材料说明

·烤扁桃仁：使用 160℃将扁桃仁烘烤 12 分钟，至表面焦黄即可。

·烤开心果：不适宜烘烤过久，要保持开心果的绿色和原有的风味。

·加入可可脂可以防止黏牙，还可以很好地减缓糖体内的水份流失。

工具与制作说明

本次使用复式奶锅来进行基础混合和熬煮；使用网状搅拌器进行软性材料的打发和混合，使用扇形搅拌器进行多种质地材料的混合。

模具使用牛轧糖框模。牛轧糖入模前需要对工器具进行防粘处理，入模后注意让面糊整体平整。

制作过程

1. 将幼砂糖 1、艾素糖和水倒进锅中，加入葡糖糖浆，加热至 155℃。

2. 另取一个复式奶锅，加入蜂蜜，先用小火加热煮沸，再用中高火加热至 121℃。

3. 将蛋白放进厨师机中，加入幼砂糖 2，用网状搅拌器快速打发。

4. 将“步骤 2”以均匀流速倒进“步骤 3”的厨师机中，搅拌至整体发白，状态黏稠，再搅拌 5~10 分钟，至硬性发泡。

5. 再继续倒入 155℃的“步骤 1”糖液，将机器转到快速，继续搅拌，一直到整体温度降至 75℃。

6. 依次加入开心果泥、可可脂，搅拌均匀至可可脂熔化。将厨师机停止搅拌，换用扇形搅拌器，加入烤过的扁桃仁、开心果，使用黄色色素和绿色色膏调色，慢速搅拌至整体均匀。

7. 在大理石桌面喷上防粘油，将牛轧糖倒在桌面。手上同样喷上防粘油，用手翻转折叠牛轧糖，使其降温至35℃。

8. 在框架内壁喷上防粘油，放在铺有高温垫的烤盘上，再向高温垫筛洒一层薄薄的葡萄糖粉。而后将牛轧糖平铺入模，按实每个角落，并保持整体表面平整，再在表面筛洒一层薄薄的葡萄糖粉。

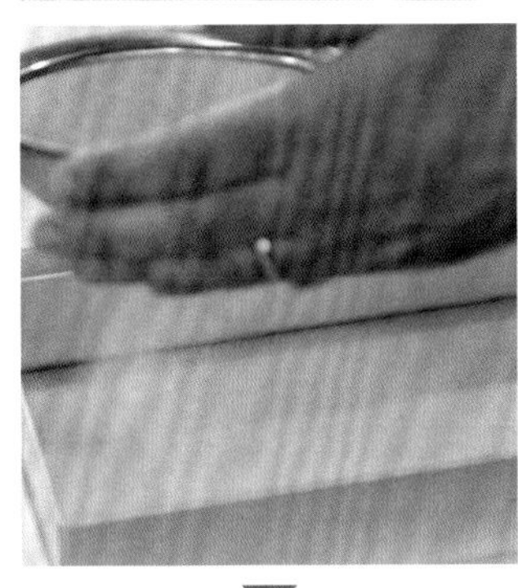

9. 放进冰箱中冷藏 10~15 分钟（这个过程可以使可可脂有一个很好的结晶过程）。取出后包上保鲜膜，在常温下静置 24 小时，第二天切块包装即可。

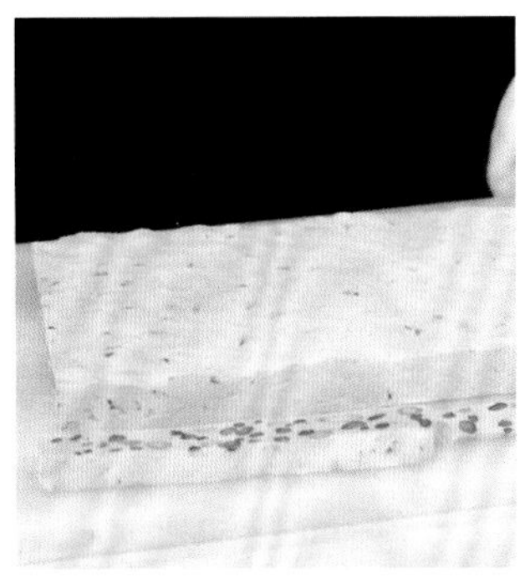

杏子软糖

知识点 酒石酸溶液的使用

糖果基体

材料

- 杏子果蓉………… 1150 克
- 苹果汁………………230 克
- 幼砂糖 1……………138 克
- NH 果胶粉………… 27 克
- 幼砂糖 2………… 1265 克
- 葡萄糖浆……………276 克
- 酒石酸溶液………… 35 克

材料说明

酒石酸溶液

酒石酸溶液为酒石酸粉与热水的混合物（粉水比为 1 ：1）。其效果与柠檬酸类似，具有促进凝结、调节酸味的作用。本配方中的酒石酸溶液可以按同比例替换成柠檬酸。

若酒石酸溶液的需求量大，可以提前用热水溶解好，装进瓶子里密封，即可。

本配方使用的糖量比较大，有助于提高成品的柔软度；酒石酸溶液可调节酸味，并促进整体材料的凝结。（若制作过程中，酒石酸溶液未完全溶解到位，则倒进锅中进行回煮即可。）

工具与制作说明

使用复合底锅进行熬煮和混合工作，使用糖度仪对产品进行糖度的测量。定型模具使用边长为 33 厘米、高度为 1 厘米的正方形框架。后期切割时，使用巧克力切割机（生巧切割机）进行切割；如果没有此种机器，可以使用刀具进行基本切割，需要注意平分大小。

制作过程

1. 将杏子果蓉和苹果汁倒入锅中，加热煮至 50℃。

2. 将 NH 果胶粉和幼砂糖 1 混合拌匀，缓慢均匀地倒进“步骤 1”中，继续加热，同时不停搅拌，沸腾之后持续加热约 2 分钟。

3. 把幼砂糖 2 少量多次地倒进“步骤 2”中，搅拌熔化，要保持浆料沸腾的状态。

4. 待所有幼砂糖完全熔化，加入葡萄糖浆，搅拌均匀，继续加热煮至大约 107℃左右。

5. 加入酒石酸溶液，搅拌均匀离火。

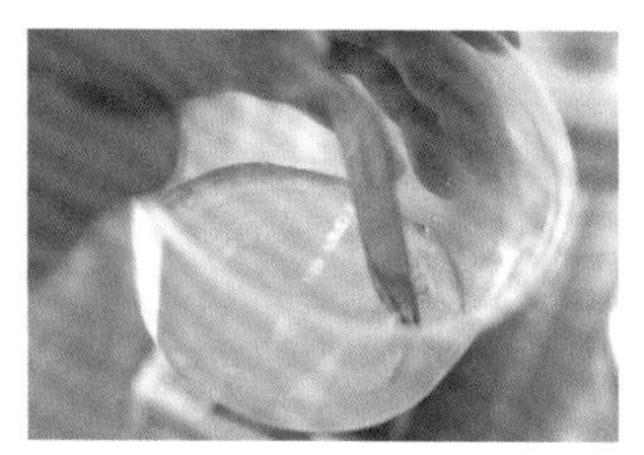

6. 将浆料倒在准备好的框架中，表面涂抹平整，室温下静置一夜。

组装：椰丝杏子软糖

材料

- 杏子软糖………………一盘
- 椰丝……………………适量

制作过程

将杏子软糖的表面蘸满椰丝，切成条形即可。

组装：晶糖杏子软糖

材料

- 杏子软糖………………1 盘
- 幼砂糖…………………适量

制作过程

1. 将杏子软糖用巧克力切割机切成约 2 厘米 ×4.5 厘米的块。

2. 将糖块放进装有幼砂糖的盆中，使其表面沾满糖粒，而后放在网架上静置一夜。

深邃

知识点 巧克力上色
糖壳制作

巧克力上色

材料

· 绿色可可脂……………适量
· 黄色可可脂……………适量

材料说明

本配方中的可可脂须调温后使用。可可脂调温的本质是使其内部能形成稳定的晶体结构。调温方法有下面两种。

方法一：先将可可脂隔水熔化至40℃，而后装入裱花袋，挤到大理石台上，用刮板来回不停刮压，使其温度降到24℃，最后将其倒入容器中，用热烘枪或者隔热水使温度上升至30℃。

方法二：先将可可脂加热至40℃以上，而后在室温下静置降温至30℃。

工具与制作说明

本次制作使用十六连水滴型模具，也可以使用其他PC（聚碳酸酯）材质的巧克力模具。

制作过程

1. 先在巧克力模具表面喷一层绿色可可脂，铲去表面多余部分。待其稍微凝结，再在模具局部继续喷绿色可可脂以加深颜色，铲去表面多余部分，室内静置。

2. 待“步骤1”稍微凝结，在其表面喷一层黄色可可脂，将其侧立在大理石桌面上，等待其凝结。

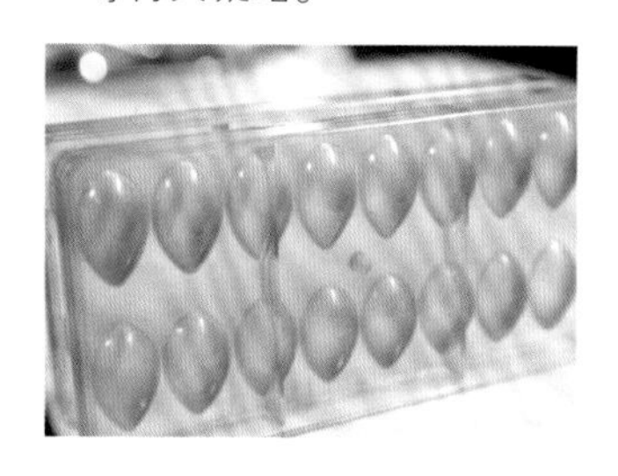

巧克力外壳

材料

· 38% 牛奶巧克力 ……适量

材料说明

巧克力的调温

巧克力的调温实质上是对可可脂进行调温，其过程就是使可可脂熔化、冷却，能形成稳定的晶体结构。一般可以通过“升温—降温—再次升温”这一系列过程，使可可脂中的晶体由不稳定向稳定转变。

巧克力的调温曲线

巧克力中的可可脂含量每增加5%，巧克力的熔点就会降低1℃。所以，不同品牌的巧克力，调温曲线也不相同。在对巧克力进行调温时，可参考巧克力外包装上显示的调温曲线进行操作，降低失败率。

以下列举的是几种常见的巧克力调温曲线，仅供参考。

种类	黑巧克力
加热熔化后的温度	45 ~ 50℃
冷却降温后的温度	28 ~ 29℃
再次加热后的温度（使用温度）	31 ~ 32℃

种类	牛奶巧克力
加热熔化后的温度	40 ~ 45℃
冷却降温后的温度	27 ~ 28℃
再次加热后的温度（使用温度）	29 ~ 30℃

种类	白巧克力
加热熔化后的温度	40 ~ 45℃
冷却降温后的温度	26 ~ 27℃
再次加热后的温度（使用温度）	28 ~ 29℃

制作过程

1. 将总量 2/3 的牛奶巧克力隔水熔化，加热至 42℃，再加入剩下 1/3 未熔化的牛奶巧克力，不停搅拌至整体温度下降到 27~28℃。

2. 边用橡皮刮刀搅拌，边用热风枪加热，待其升温至 29~30℃。

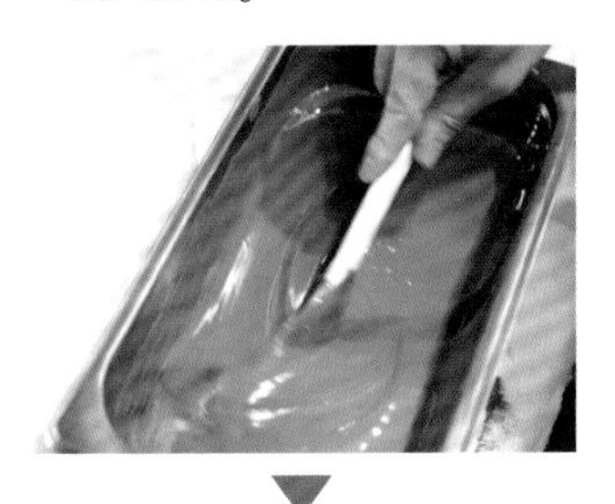

3. 将“步骤 2”装入裱花袋中，注入上色、结晶好的模具中，注满，晃平，再轻震出气泡。

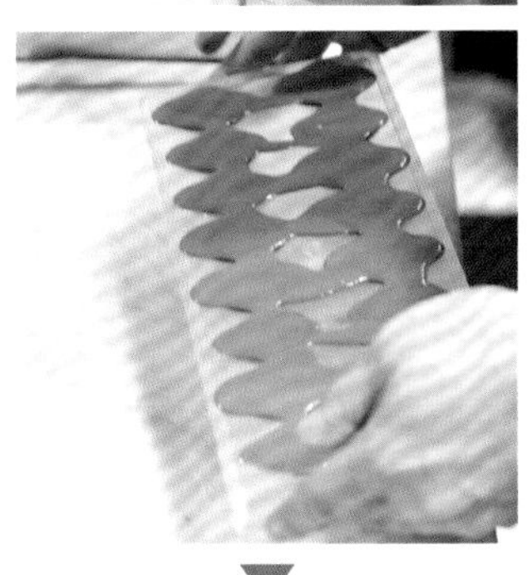

4. 将“步骤 3”倒扣，并用调温铲轻敲模具侧面，倒出多余的牛奶巧克力。

5. 用调温铲去除“步骤 4”表面多余的牛奶巧克力，将模具侧立在桌面上，待巧克力冷却结晶。

开心果甘纳许

材料

- 35% 淡奶油 ……… 104 克
- 开心果泥…………… 37 克
- 转化糖……………… 19 克
- 黄油………………… 11 克
- 34% 白巧克力 …… 184 克
- 洋梨利口酒………… 4.6 克
- 绿色色粉……………… 适量

制作过程

1. 先将 35% 淡奶油、开心果泥、转化糖放入锅中，边搅拌，边将其稍微加热，再加入黄油，加热至 60℃，离火。

2. 将“步骤 1”过筛入装有巧克力的盆中，加入适量绿色色粉，混合，拌匀。

3. 将“步骤 2”倒入量杯中，加入洋梨利口酒，用均质机搅打至完全乳化。

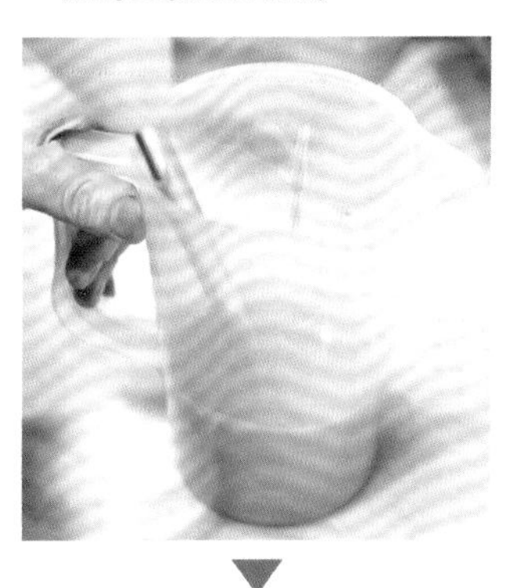

4. 将“步骤 3”装入裱花袋中，挤入已结晶的巧克力壳中，直至模具一半的位置，晃平，将其在室内放置，等待其凝结。

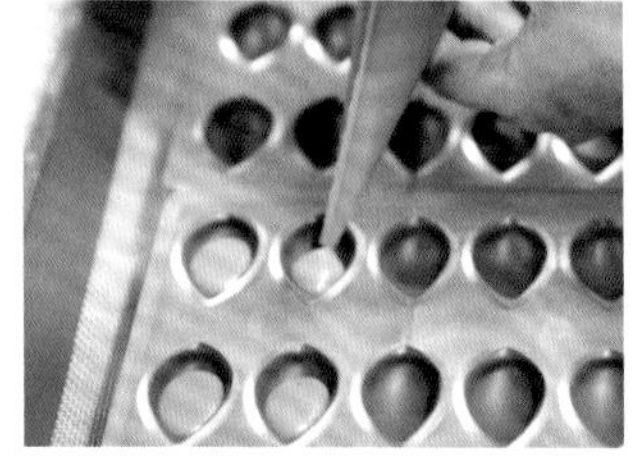

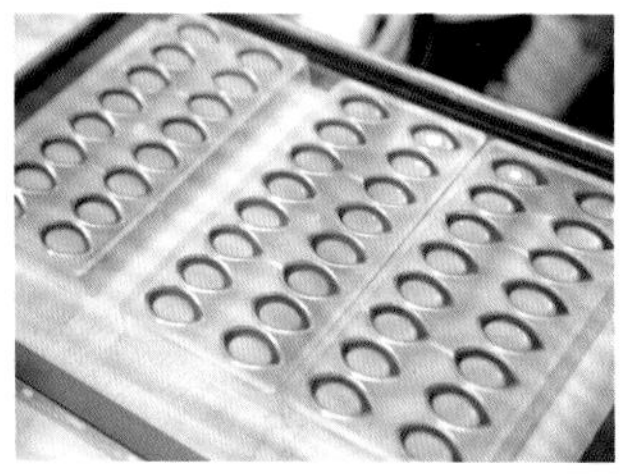

开心果甘纳许

材料

- 35% 淡奶油 ………116 克
- 转化糖……………… 29 克
- 黄油………………… 31 克
- 35% 牛奶巧克力 …193 克
- 洋梨利口酒……… 12.8 克

制作过程

1. 将 35% 淡奶油和转化糖放入锅中，加热至63℃，关火，加入黄油，用刮刀混合搅拌均匀。

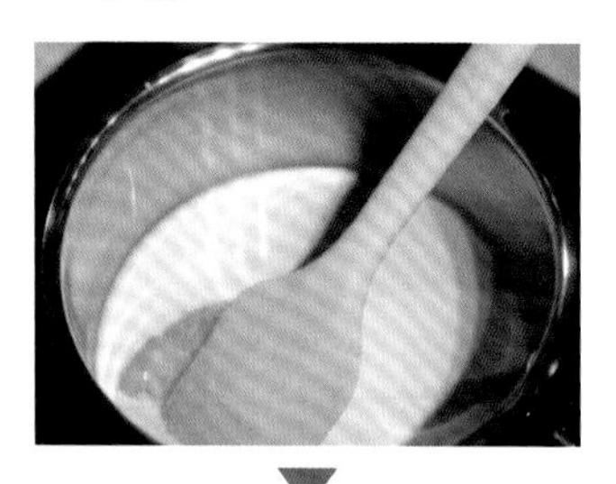

2. 倒入装有 35% 牛奶巧克力的盆中，加入洋梨利口酒，用刮刀拌匀。

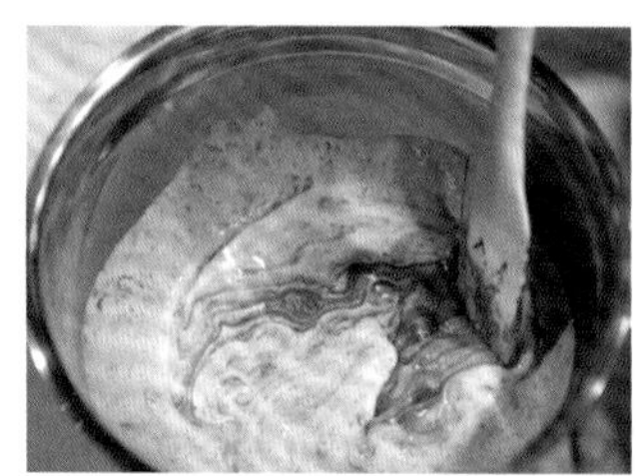

3. 再倒入量杯中，用均质机搅拌至完全乳化。

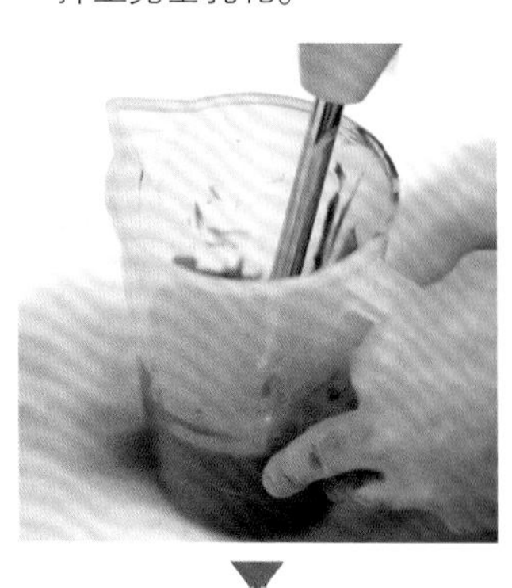

4. 将馅料装入裱花袋中，挤入已凝结的开心果甘纳许中，直至模具九分满，晃平后在室内放置，等待其凝结。

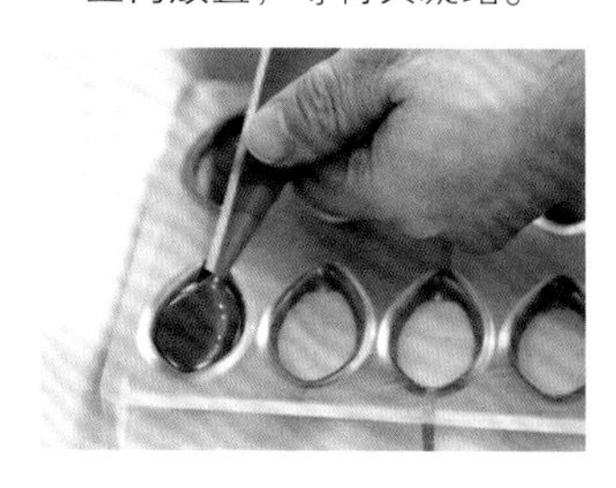

巧克力封底

材料

- 牛奶巧克力……………适量
- 转印纸…………………适量

制作过程

1. 将调温好的牛奶巧克力装入裱花袋中，注入已结晶好的洋梨甘纳许中，晃平。

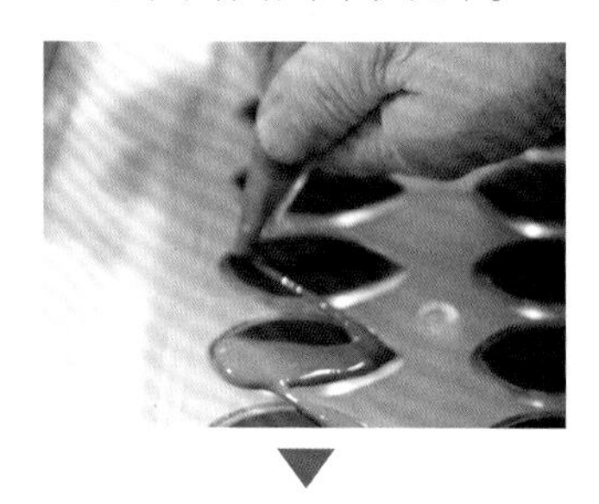

2. 在表面盖上一张与模具大小一致的转印纸，用调温铲用力刮转印纸使之贴紧，再去除边缘挤出的巧克力。

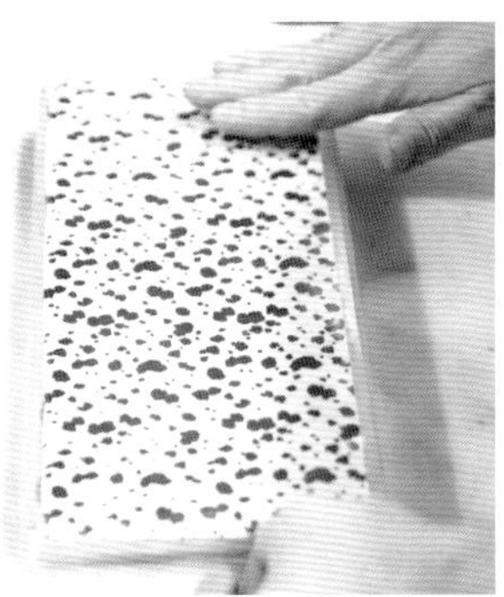

3. 将“步骤 2”倒扣在烤盘上，静置室内结晶。

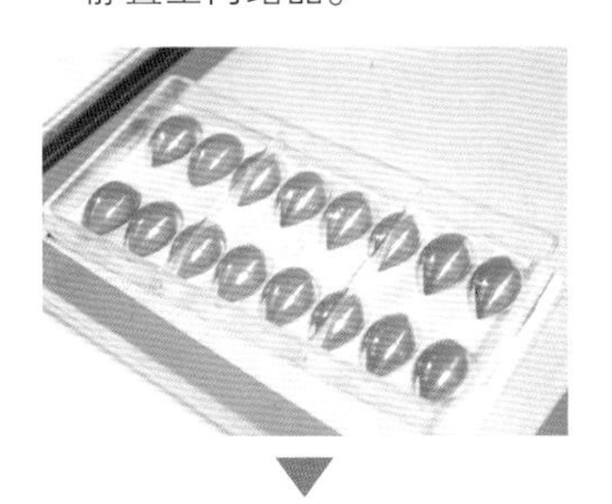

4. 待巧克力完全结晶后，先用双手左右晃动巧克力模具，再将其倒扣，用调温铲轻敲巧克力模具背面，辅助巧克力糖脱模。

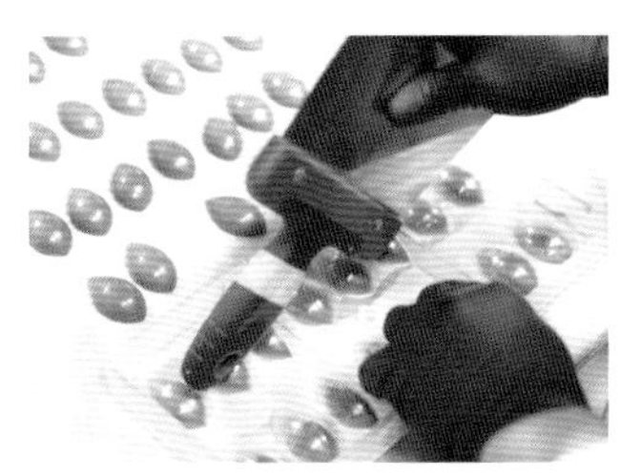

本次制作全程没有放在冰箱中储存，这样能给可可脂更多的时间结晶，晶体更稳定。

也可以使用冰箱冷藏或者冷冻来加快凝固，如下一款“百香果伯爵茶巧克力”的制作。

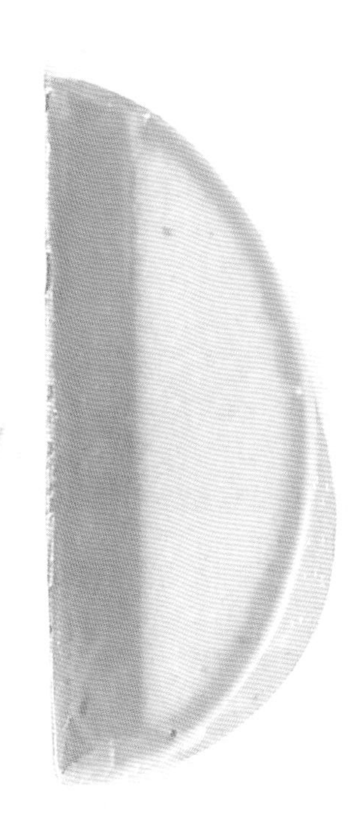

百香果伯爵茶巧克力

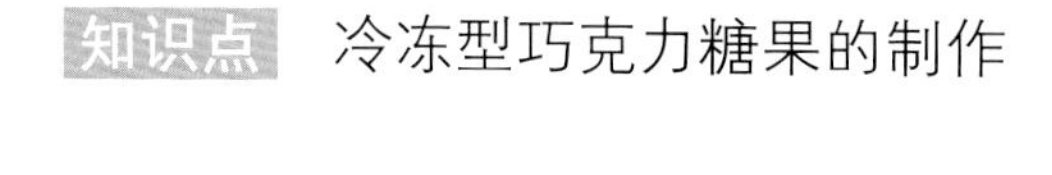

知识点　冷冻型巧克力糖果的制作

百香果果冻

材料

- 百香果果蓉…………150 克
- 葡萄糖浆……………10 克
- 幼砂糖………………100 克
- NH 果胶粉……………4 克

工具与制作说明

使用复合锅进行加热熬煮。本品口味较酸，可以作为糖果的内部夹心使用。

制作过程

1. 将百香果果蓉加热，加入葡萄糖浆，混合煮沸。

2. 加入幼砂糖和 NH 果胶粉的混合物，搅拌均匀（想要口感细腻可用均质机搅打一下），持续加热至 103℃。

3. 离火，倒入垫有保鲜膜的烤盘中，贴面覆上保鲜膜，放入冰箱中冷藏降温。

伯爵茶甘纳许

材料

- 淡奶油……………… 128 克
- 伯爵茶叶…………… 10 克
- 葡萄糖浆…………… 21 克
- 山梨糖醇…………… 18 克
- 转化糖……………… 10 克
- 黄油………………… 18 克
- 64% 黑巧克力 …… 128 克
- 牛奶巧克力……… 32.5 克

制作过程

1. 将淡奶油、伯爵茶叶、葡萄糖浆、山梨糖醇混合，加热煮沸。

2. 过筛到黑巧克力、牛奶巧克力、黄油和转化糖的混合物中，静置 1 分钟，再用均质机搅打均匀。

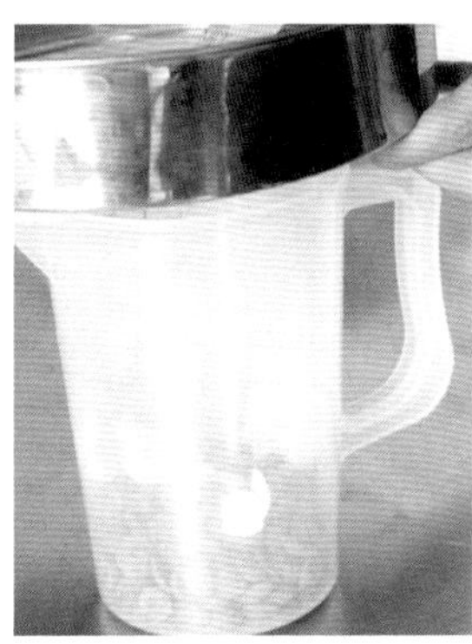

组装

材料

- 调色可可脂（红色）…适量
- 白色可可脂……………适量
- 黑巧克力（已调温）…适量

制作过程

1. 用酒精将水滴型模具的内壁擦干净（模具越干净，巧克力糖的光泽越好）。模具最佳使用温度为 22~23℃。

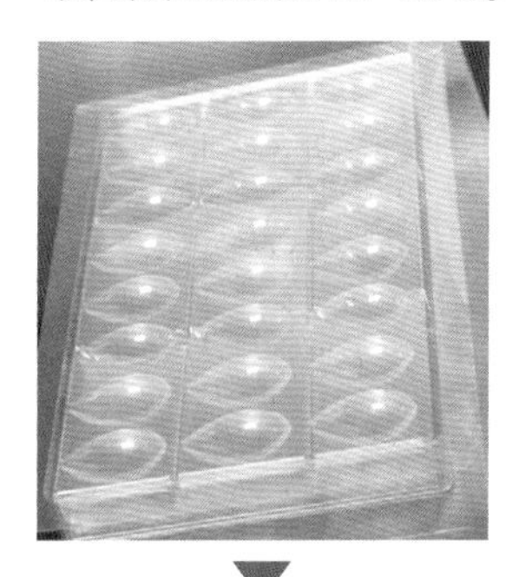

2. 在模具的一侧挤适量调好温的红色可可脂，敲模具的边角使其沿斜线自然流下去，而后将模具侧放通风（绝对不能扣着放，那样不通风）。

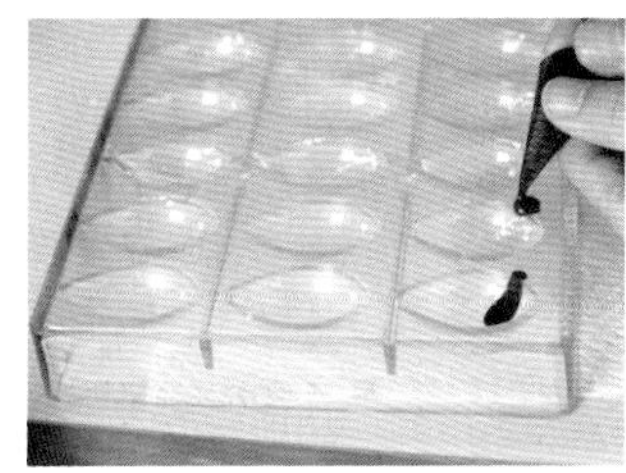

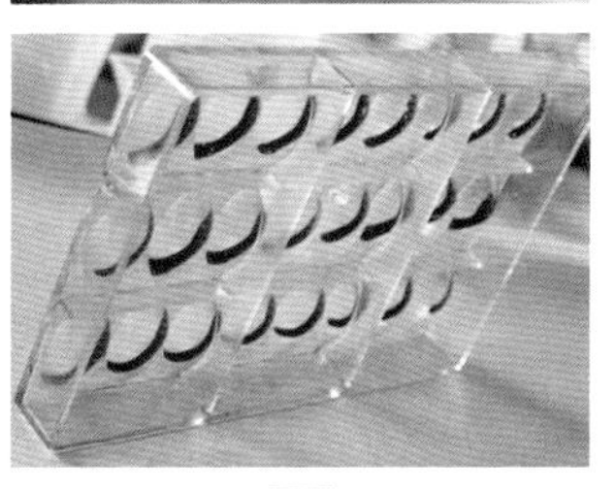

3. 取一张比模具大一点的巧克力胶片纸，在上面用手指随意弹上调好温的红色可可脂，再弹上一层白色可可脂，平放晾干备用。

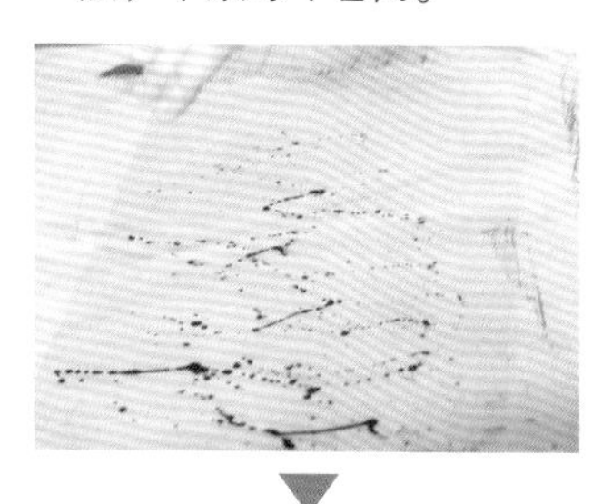

4. 将调温好的黑巧克力注入模具中，再迅速倒出，形成巧克力壳（越薄越好），冷藏定型。

5. 从冰箱取出，在巧克力壳中挤入适量百香果果冻（少挤一点，因为百香果偏酸），放入冰箱中冷藏至凝固。

6. 从冰箱取出，挤入伯爵茶甘纳许至九分满，震一下模具，使表面平整，再放入冰箱中冷藏至凝固。

7. 从冰箱取出，用调温好的黑巧克力封底（注意：如果刚从冰箱取出的模具温度太低，倒入调温巧克力后会太快凝固，此时可先用热风枪稍微加热模具表面），并迅速抹平，再将“步骤3”放在巧克力底上，用刮板将表面用力推平，使每个巧克力的边缘都干净分明（这样出来的巧克力易脱模，没毛边）。

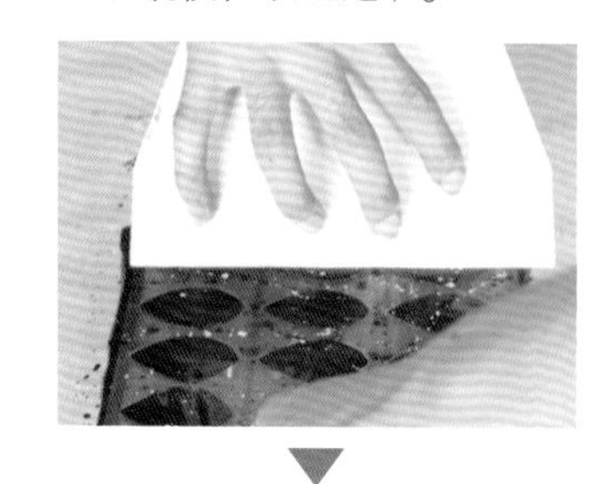

8. 放入冰箱冷藏凝固，取出后脱模。

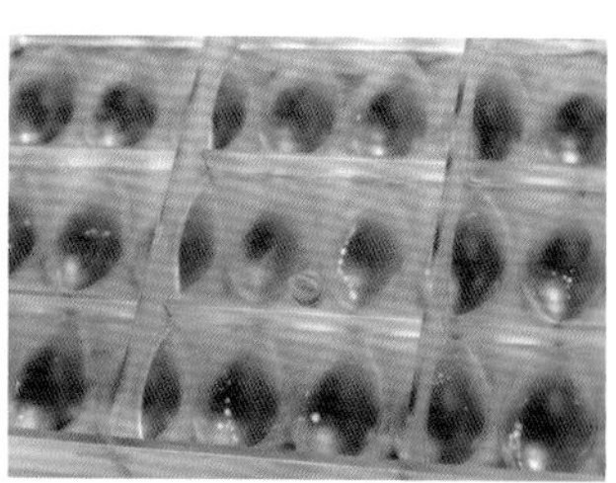

8
慕斯与馅料

基础知识

慕斯与奶油馅料的相关产品在近些年已变得越来越流行。因其对温度有一定的要求，所以多属于冷藏类甜品。

各式慕斯与奶油馅料在材料选择上有一定的共通性。慕斯其实也是奶油馅料中的一个大类，因慕斯含有凝胶类材料，经冷冻后可以形成稳定的形状，口感层次也较好，所以单独也是一类甜品。

当然，也有不含凝胶材料的馅料，比如甘纳许、香缇奶油等，这些馅料常常作为组合层次之一，辅助产品完成外形、口感、质地、色彩等方面的统一和协调。

凝胶材料的种类

随着食品技术的发展，现在可用的促凝结材料已经非常多了，常用于慕斯制作的凝胶材料如表所示。

材料名称	吉利丁	果胶	琼脂
原料	动物皮、骨骼	蔬菜、水果	海藻（石花菜等）
主要成分	蛋白质	糖	糖
气味（使用前）	腥味	水果味	海腥味
胶化温度	冷藏（10℃以下）	室温凝固	室温凝固
口感	口感柔软，有少许黏性，用于甜点中能做出入口即化的效果	略带弹性和黏稠感，分为水凝固和牛奶凝固两种	清爽弹滑，没有黏度。制作的糕点口感柔软，轻咬即碎
颜色（使用后）	透明度高，但略微带有黄色。吉利丁片比吉利丁粉更透亮	半透明，偏微黄色	透明度较低，整体呈淡淡的浅褐色
用途	布丁、慕斯、意式奶酪等	果酱、镜面果胶等	羊羹、杏仁豆腐等

吉利丁

吉利丁有片、粉两种形式（粉状的也俗称鱼胶粉）。预处理的流程类似，都是加水泡发—加热熔化，而后投入使用。

吉利丁片预处理

1. 将吉利丁片放入冰水中泡软，一般吉利丁与水的重量比在（1∶6）~（1∶4）之间。

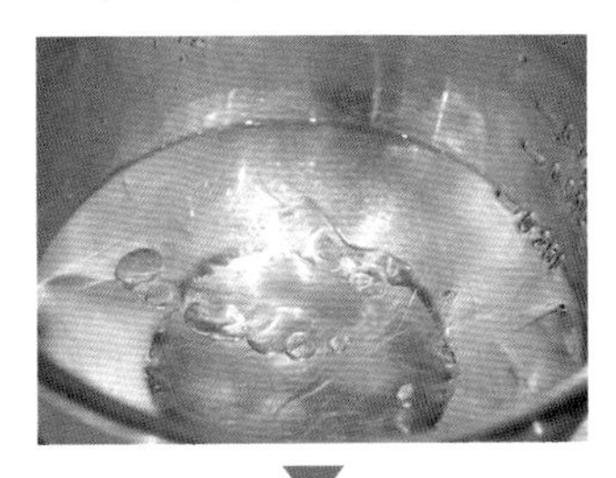

2. 使用时，捞出沥干水分，再放进已经加热的原料中化开；或者先自身熔化，再与其他液体材料混合使用。

吉利丁粉预处理

1. 将水倒入吉利丁粉中（用水比例同吉利丁片）。

2. 静置或者放入冰箱中冷藏，至吉利丁粉吸水凝固。

3. 隔水加热至熔化，呈现完全融合的液体状态。

4. 投入使用时，加入材料中混匀即可。

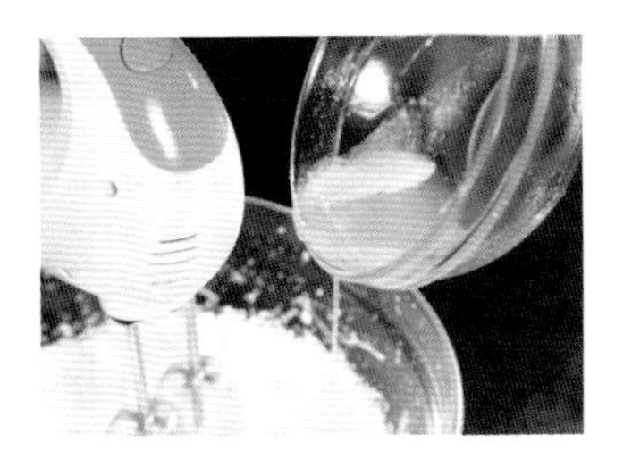

以吉利丁块的方式使用

将泡发后的吉利丁粉或者吉利丁片加热熔化，再放入冰箱中冷藏凝固成块，即吉利丁块，可随时取用，适合大批量制作。本书制作中多数使用的是吉利丁块，其中吉利丁与水的比例是1∶5。

△ 吉利丁块

果胶粉

果胶粉质地轻，如果直接与液体接触，会很快抱成粉团，很难化开。所以在使用果胶粉前，须先与其他固体材料混合均匀，降低果胶粉的密度，再与液体材料混合（一般情况下，会选择果胶粉与细砂糖混合在一起）。

果胶粉的用处更偏向于水果类制品的凝结和增稠。

果胶粉用法举例

1. 将细砂糖与果胶粉混合搅拌均匀。

2. 将混合物放入果酱中。

3. 加热煮沸，维持沸腾 1~2 分钟，离火（之后可入模，冷藏定型）。

成品质地变化

加有果胶粉的成品离火后逐渐凝固，如下图所示。

△ 离火时为液态

△ 室温放置 5 分钟左右

△ 室温放置 20 分钟左右

覆盆子香草克拉芙缇挞

知识点 饼底入模的方法

喷涂式淋面的装饰作用

扁桃仁甜酥饼底

材料

- 低筋面粉……………235 克
- 黄油…………………120 克
- 盐………………………1 克
- 糖粉…………………60 克
- 扁桃仁粉……………60 克
- 全蛋…………………50 克
- 可可脂末……………适量

工具与制作说明

用料理机将材料混合形成面团，擀成面皮；使用圈模定型；使用扎孔器或者牙签、刀尖在面皮内部扎孔，即可入炉烘烤。

制作过程

1. 将低筋面粉、黄油、盐、糖粉和扁桃仁粉倒进料理机里，搅拌成沙粒状。

2. 加入全蛋，继续搅拌成团。

3. 将面团取出，压平，包上保鲜膜，放入冰箱中冷藏 2 小时以上。

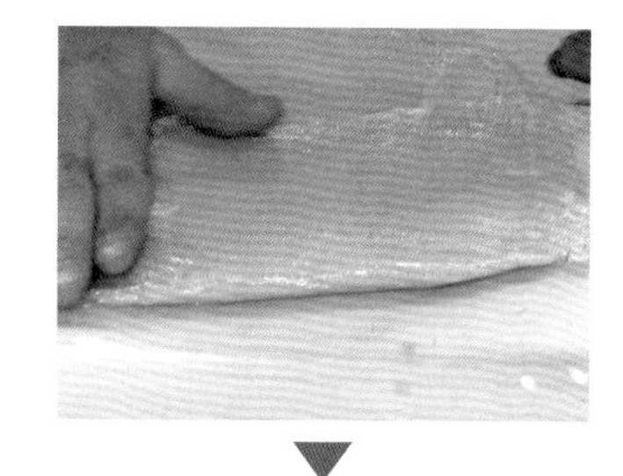

4. 取出面团，用擀面杖将其擀压至 3 毫米厚度的面皮。

5. 切割面皮（切割成比圈模稍大的圆片），捏入圈模中，在底部扎上孔，摆放在垫有网格硅胶垫的烤盘中。

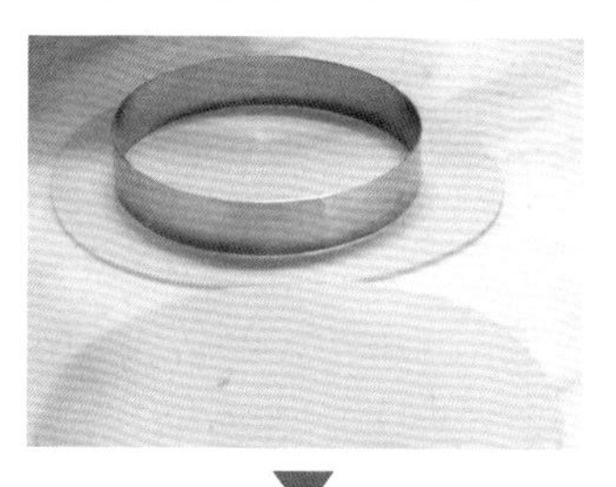

6. 入风炉，以 150℃烘烤 25 分钟左右，出炉，筛上一层可可脂末。

饼底入模的方法

1.将模具放在面皮上，以模具为中心，用刀在面皮上切割出一个更大的圆，需要半径=模具半径+模具高度。为了后期更好地整理，割出的半径要比需要半径大一些。

2.将面皮拾起，盖在模具上。

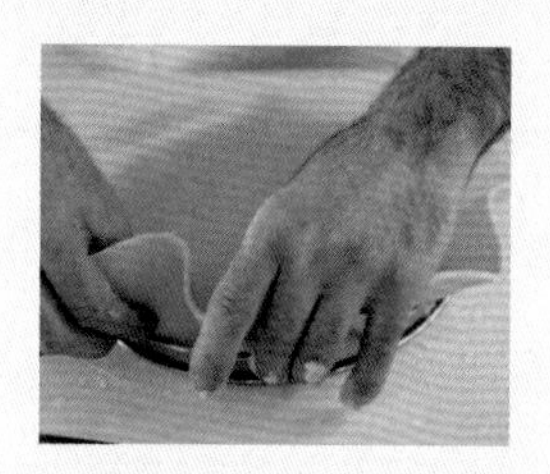

3.轻轻将面皮贴合模具内壁，尤其需要注意侧面与底面的转折处。

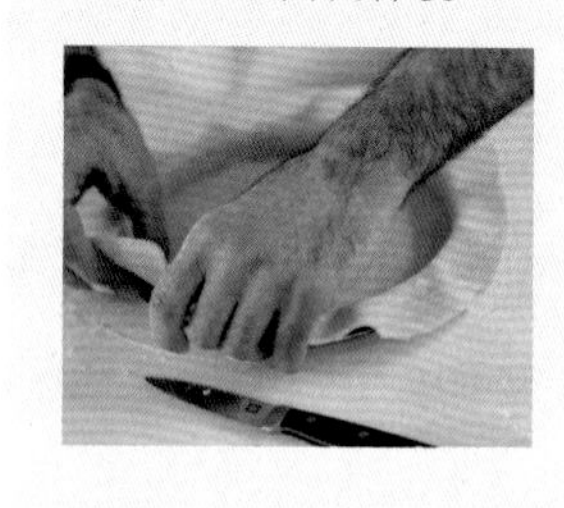

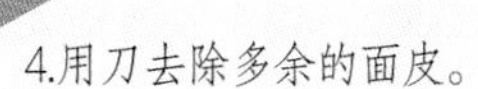

4.用刀去除多余的面皮。

5.在底部扎出气孔。

6.烘烤完成后，饼底外表上会出现许多碎屑，可以使用刨皮屑刀轻轻擦一下表面，使饼底外表更加干净。

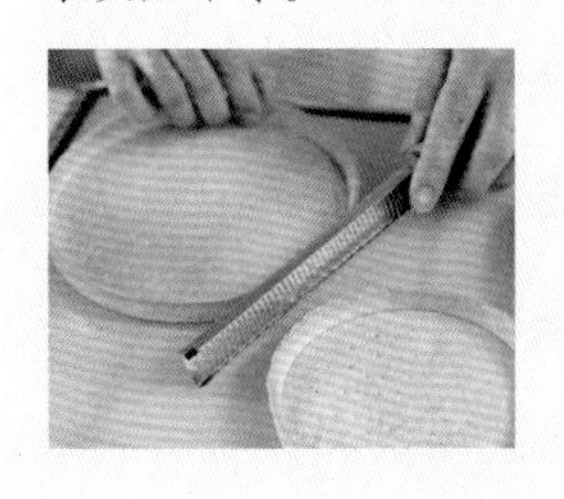

香草扁桃仁面糊

材料

- 全蛋…………………… 50 克
- 蛋黄…………………… 15 克
- 扁桃仁粉…………… 50 克
- 吉士粉…………………… 5 克
- 糖粉…………………… 60 克
- 香草籽酱…………………少许
- 黄油…………………… 50 克

制作过程

1. 将所有材料倒进料理机中，搅拌至光滑细腻的面糊状。

2. 倒入小盆中，备用。

克拉芙缇

材料

- 全蛋…………………… 90 克
- 细砂糖……………… 90 克
- 盐…………………… 0.5 克
- 香草籽…………… 1 根的量
- 低筋面粉…………… 30 克
- 淡奶油……………… 120 克
- 低脂牛奶…………… 105 克

制作过程

1. 将全蛋、细砂糖、盐和香草籽倒入盆中，使用打蛋器搅拌均匀。

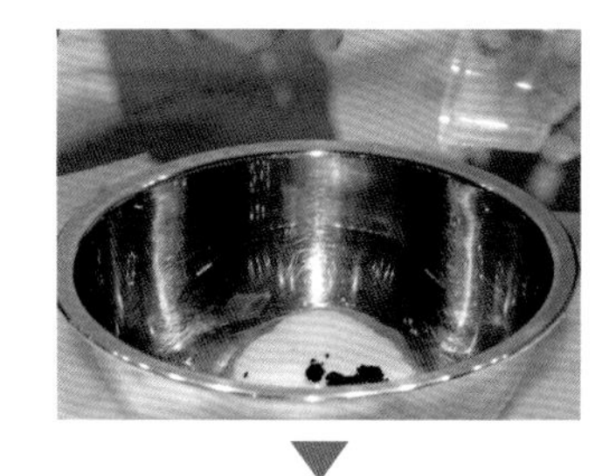

2. 加入过筛的低筋面粉，搅拌均匀。

3. 加入淡奶油和低脂牛奶，搅拌均匀。

4. 过滤到盆中，备用。

覆盆子慕斯

材料

- 覆盆子果蓉…………260 克
- 细砂糖………………… 25 克
- 吉利丁片………………7 克

（使用冰水浸泡变软）

- 淡奶油（打发）……200 克

制作过程

1. 将二分之一的覆盆子果蓉和细砂糖倒入锅中，加热至 80℃，离火。

2. 和泡软的吉利丁片混合，搅拌均匀，再倒入剩余的覆盆子果蓉，搅拌均匀。

3. 当温度降至 25℃左右，加入打发的淡奶油，搅拌均匀，而后贴面覆上保鲜膜，冷藏备用。

覆盆子果酱

材料

- 覆盆子果蓉…………150 克
- 新鲜覆盆子…………150 克
- 细砂糖………………… 40 克
- NH 果胶 ………………… 4 克

制作过程

1. 将覆盆子果蓉和新鲜覆盆子倒入锅中，边加热，边用打蛋器搅拌。

2. 离火，加入细砂糖和 NH 果胶混合物，使用打蛋器快速搅拌均匀。

3. 继续加热，煮至 102℃，离火，贴面覆上保鲜膜，冷藏保存。

加入细砂糖和果胶混合物时，要快速搅拌，防止出现结块。

组合

材料

- 覆盆子…………………适量
- 红色喷面………………适量

材料说明

红色喷面由镜面果胶和红色色素调和而成，通过喷砂机喷出。此款喷面的效果与淋面类似,与一般的可可脂喷面不同。

制作过程

1. 在扁桃仁甜酥饼底中倒入适量香草扁桃仁面糊，约0.5厘米高。

2. 在中间摆放几颗覆盆子，然后倒入克拉芙缇至九分满，用橡皮刮刀抹匀，入风炉，以150℃烘烤20分钟左右。

3. 出炉冷却后，在表面抹上一层覆盆子果酱。

4. 将覆盆子慕斯装入带有圆形花嘴的裱花袋中，在表面外围挤出两圈水滴形状。放入速冻柜中冷冻15分钟。

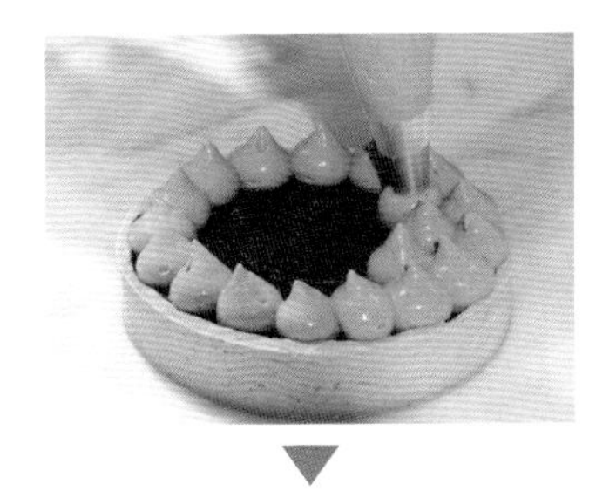

5. 取出，使用喷砂机在表面喷上一层红色喷面。

6. 在中间摆放适量覆盆子，周围空隙处挤上覆盆子果酱，取少许金箔装饰即可。

喷涂式淋面的作用

含水量比较高的淋面流动性很大，除了可以直接浇淋外，还可以使用喷砂机喷出，也称喷面，此种方法具有一定的优势：

1. 可以定点进行喷涂。因喷砂机采用雾化机制，所以喷出的液滴极小，在短时间内淋面颗粒不会相聚，难产生流动。特别适用于只需要部分区域进行装饰的甜品。

2. 均匀性好，只需较少的量就可以达到装饰效果，淋面层可以很薄。

淋面起初作用在甜品表面时和喷砂的效果类似，呈“雾层”状，但是淋面材质的含水量比较大，不会像喷砂材料（可可脂与巧克力）那样遇冷直接凝结成颗粒，所以静置一会儿后，“淋面颗粒”会慢慢相连，形成光亮的“水层”，不会形成磨砂感。

柠檬挞

知识点 意式蛋白霜的灼烧装饰

甜酥面团－挞皮

材料

- 黄油……………………344 克
- 糖粉……………………214 克
- 去皮扁桃仁粉……… 70 克
- T45 面粉……………144 克
- T55 面粉……………430 克
- 细盐……………………6 克
- 全蛋……………………114 克

材料说明

· 本配方中的黄油须切成小块，提前放在室温下进行软化。

· 本配方中的去皮扁桃仁粉、糖粉、T45 面粉和 T55 面粉须混合过筛使用（注：T45 面粉和 T55 面粉为法国面粉，可分别用国内的低筋面粉和中筋面粉替代）。

制作过程

1. 将混合过筛的粉类、细盐和黄油放入搅拌桶中，先低速混合，再搅打成沙状。

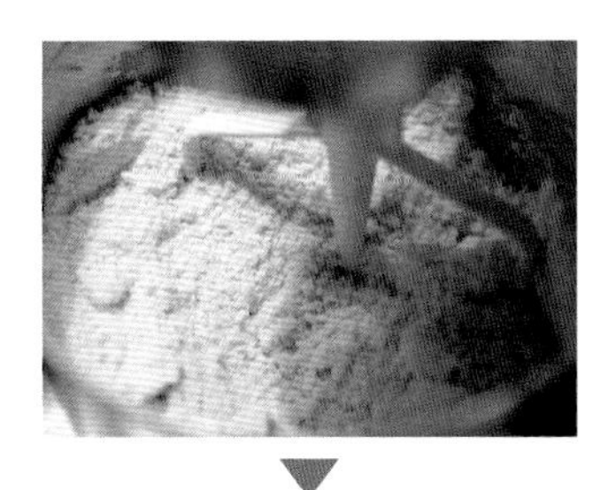

2. 继续慢速搅拌，持续缓缓加入全蛋液，至搅拌成团即可。

3. 将面团取出，在表面撒少许粉，用擀面杖将其稍稍擀开，用保鲜膜包住，放入冰箱中冷藏松弛 30 分钟左右。

4. 取出，放在开酥机上，擀至 0.2 厘米厚，制成面皮。

5. 将挞模（带翻边）放在面皮上，用刀将面皮划出稍大的圆形。

6. 在模具内壁涂抹一层软化黄油（配方处），再将圆形面皮捏入模具中，使面皮与模具内部贴合，使侧面与底边呈直角。

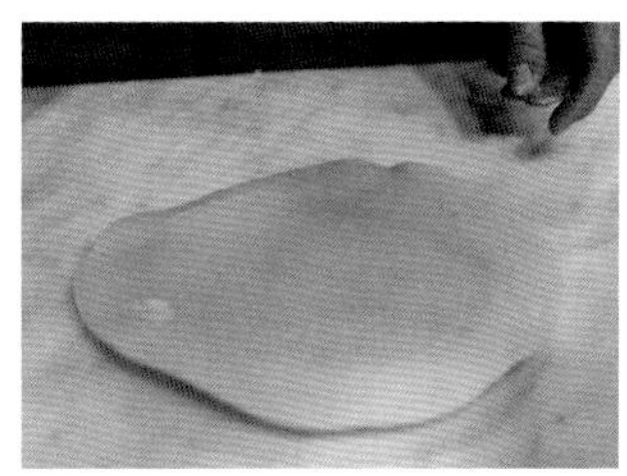

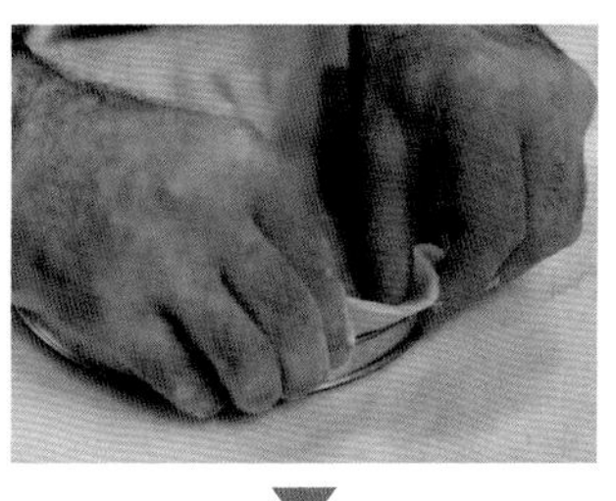

7. 用刀修除模具四周多余的面皮，再将其放入冷冻室定型。

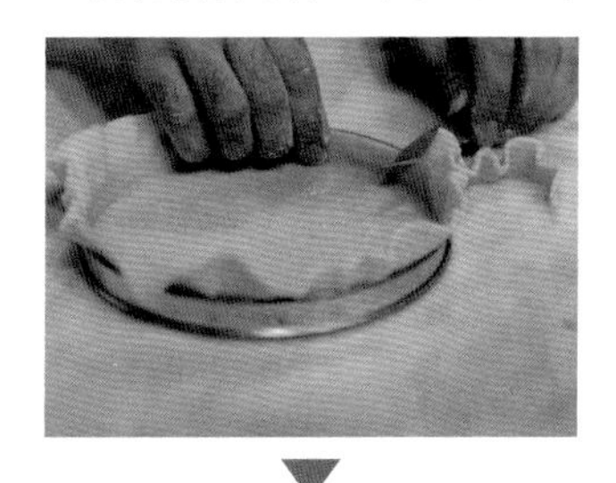

8. 将“步骤 7”取出，放入风炉中，以 150℃烘烤约 30 分钟，制成挞壳。

蛋黄液

材料

- 灭菌蛋黄液…………112 克
- 淡奶油……………… 28 克

材料说明

此次使用的是纸盒装市售蛋黄液，经过巴氏杀菌处理。

制作过程

将材料混合，用手动打蛋器搅拌均匀即可。

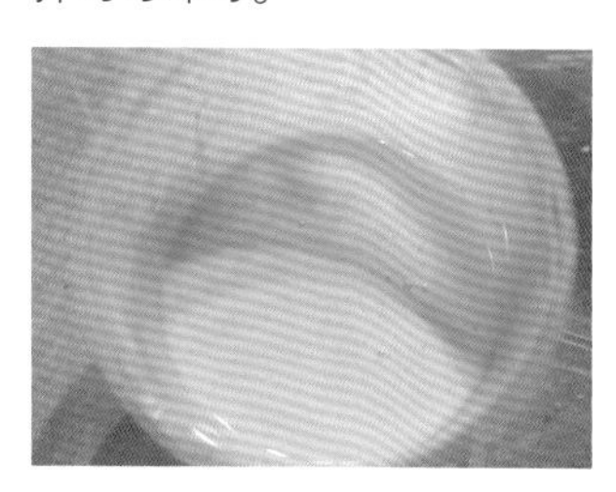

卡仕达酱

材料

- 半脱脂牛奶…………192 克
- 细砂糖……………… 38 克
- 蛋黄………………… 38 克
- 吉士粉……………… 19 克

制作过程

1. 将蛋黄和吉士粉放入盆中，用手动打蛋器搅拌均匀，备用。

2. 将半脱脂牛奶和细砂糖放入锅中，边搅拌，边将其加热至沸腾。

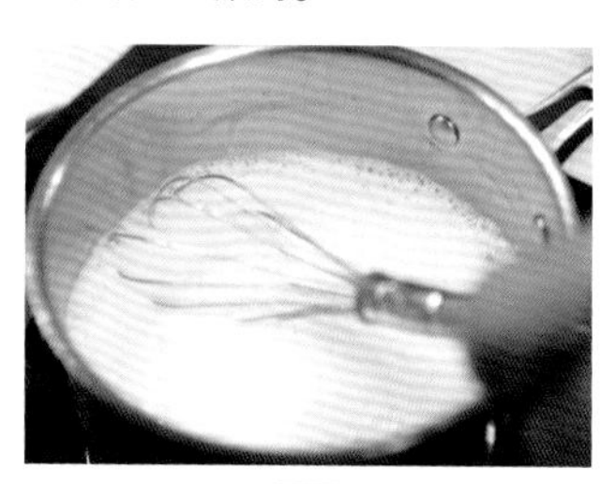

3. 将“步骤 2”冲入“步骤 1”中，用手动打蛋器混合拌匀，再将其倒回锅中，以中小火加热，其间不停用手动打蛋器搅拌，待其沸腾后，再持续煮沸 1 分钟，最后呈现光滑浓稠的状态，制成卡仕达酱。

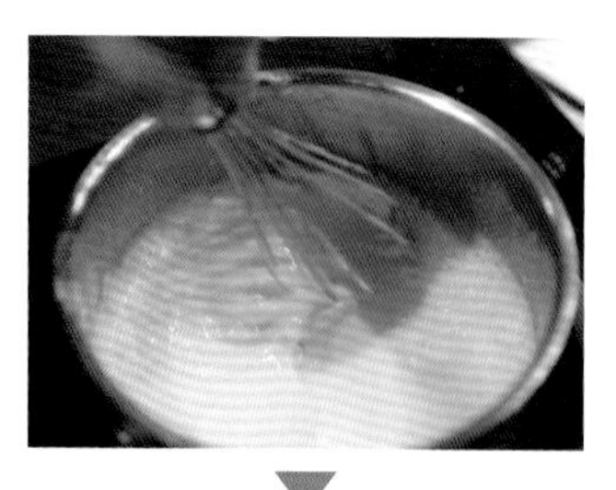

4. 将卡仕达酱倒入盆中，贴面包保鲜膜，放入冰箱中冷冻（或冷藏）降温，备用。

柠檬杏仁奶油

材料

- 去皮扁桃仁粉………192 克
- 糖粉…………………192 克
- 黄油…………………154 克
- 全蛋…………………154 克
- 卡仕达酱……………288 克
- 棕色朗姆酒………… 19 克
- 黄柠皮屑…………… 15 克

材料说明

·本配方中的黄柠皮屑是用刨皮器现刨出来的，要使用新鲜柠檬。

·本配方中的黄油须软化后使用。

·本配方中的去皮扁桃仁粉须过筛使用。

制作过程

1. 将去皮扁桃仁粉、糖粉和软化黄油加入搅拌桶中，用扇形搅拌器低速搅拌至完全融合。

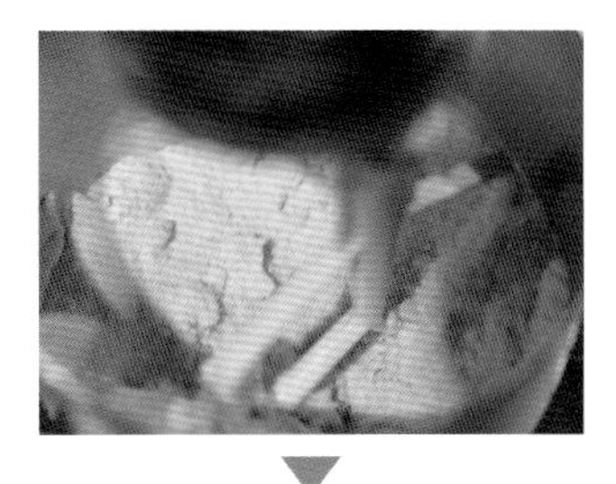

2. 继续低速搅拌，持续缓缓加入全蛋液，至拌匀。

3. 将卡仕达酱从冰箱取出，用手动打蛋器搅打至顺滑，再加入黄柠皮屑和棕色朗姆酒，混合拌匀。

4. 将“步骤3”加入“步骤2”中，以低速混合，再快速搅打均匀，最后将其装入裱花袋中。

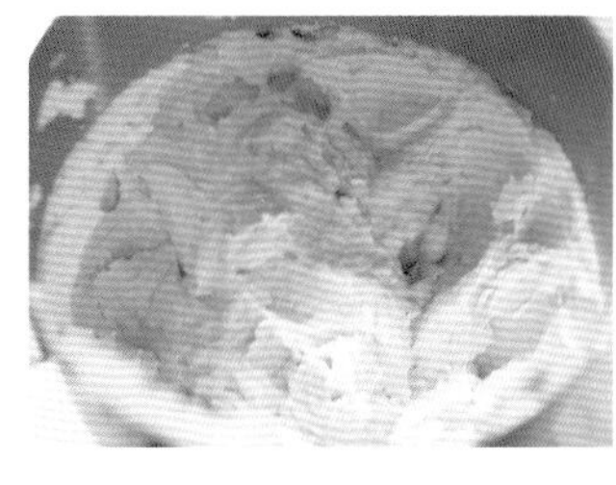

柠檬杏仁奶油须冷藏保存，使用时将其提前取出备用。

柠檬奶油

材料

- 黄柠汁……………… 345克
- 细砂糖……………… 393克
- 淡奶油……………… 45克
- 全蛋………………… 294克
- 吉利丁块…………… 64克
- 黄油1 ……………… 150克
- 黄柠皮屑…………… 5克
- 黄油2 ……………… 400克

材料说明

·本配方中的黄柠汁为新鲜黄柠檬现榨而成。

·本配方中的吉利丁块为吉利丁粉与冷水泡发后熔化冷凝而成（吉利丁粉与冷水比例为1 ∶ 5）。

·本配方中的黄柠皮屑为新鲜黄柠檬现刨而成。

制作过程

1. 先将黄柠汁和细砂糖加入锅中，用中火将其煮至温热。

2. 加入淡奶油，煮至沸腾，关火，再边搅拌，边加入全蛋液，完成后再开火，煮沸，离火。

3. 倒入盆中，加入吉利丁块，用手动打蛋器搅拌均匀。

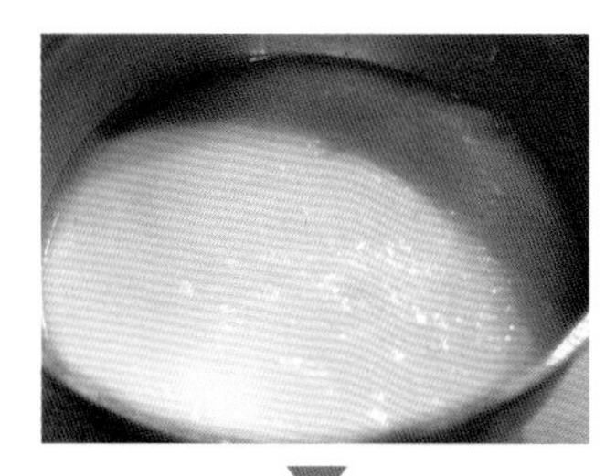

4. 加入黄油 1，搅拌均匀，再将其放入冷冻（或冷藏）室，降温至 40℃。

5. 取出，加入黄油 2 和黄柠皮屑，用均质机搅打至顺滑，再包上保鲜膜，冷藏。

意式蛋白霜

材料

- 细砂糖……………… 320 克
- 水……………………… 65 克
- 蛋白………………… 160 克

制作过程

1. 将细砂糖和水放入锅中，煮至 121℃，制成糖浆。

2. 煮制期间，将蛋白放入搅拌桶中，用网状搅拌器低速搅拌，至开始呈现泡沫状。

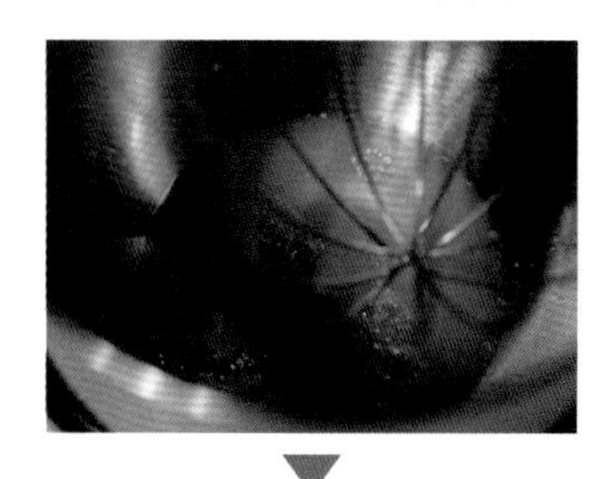

3. 将“步骤 1”缓慢加入搅拌桶，先低速混合完全，再高速搅拌至整体温度下降至 30℃左右（手温），制成意式蛋白霜。

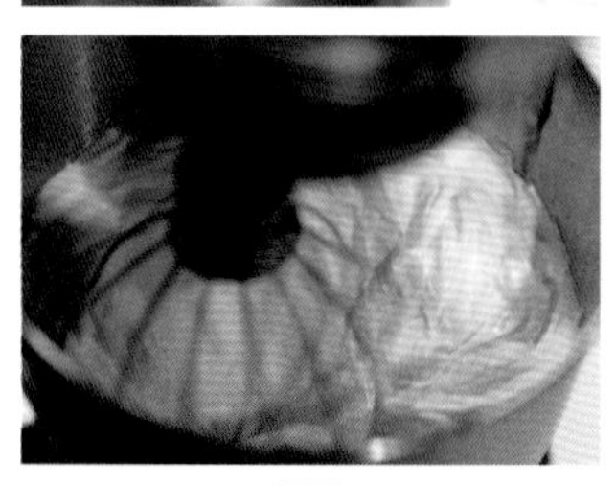

4. 用保鲜膜贴面，放入冰箱中冷藏，备用。

烘烤与装饰

材料

- 镜面果胶……………… 适量
- 巧克力八瓣花装饰件… 适量
- 青柠皮屑……………… 适量
- 黄色色素……………… 适量
- 绿色色素……………… 适量
- 蛋黄液………………… 少许

材料说明

本次镜面果胶是用喷砂机喷出的，所以在使用前需要用水调节至一定稀度，再使用。

制作过程

1. 将烘烤好的挞壳取出，用刨皮器去除其表面碎屑，修理光滑。

2. 在挞壳表面及四周刷一层蛋黄液。

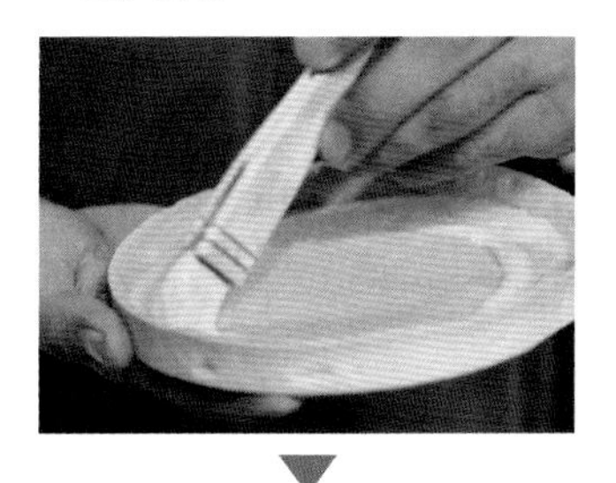

3. 将柠檬杏仁奶油取出，在挞壳表面中心处由内而外挤出螺旋状，直至挤满表面。

4. 将“步骤 3”放入温度为 150℃的风炉中，烘烤约 20 分钟，取出冷却。

5. 将柠檬奶油倒在“步骤 4”中至满，再用勺背抹平表面，放入冰箱中冷藏定型。

6. 将意式蛋白霜分别放入装有大、小锯齿裱花嘴的裱花袋，依次交错挤满“步骤 5”的表面。

7. 用火枪烧制意式蛋白霜的表面，直至表面变色，再将其放入冷冻室定型。

8. 取出，在表面喷上一层镜面果胶（用水调稀）。

9. 在表面刨上青柠皮屑。

10. 放上巧克力八瓣花装饰件（模具制形）。

11. 将剩余中性淋面酱平均分成两部分，分别加入黄色、绿色色素搅拌均匀，再分别装入裱花袋中，挤在表面装饰的缝隙处。

意式蛋白霜的灼烧装饰

糖和蛋白质在高温环境下会发生褐变（糖发生焦糖化反应，蛋白质发生美拉德反应），所以可以灼烧蛋白霜产生装饰效果。意式蛋白霜泡沫稳定、保水性好，所以耐灼烧。

火枪口离蛋白霜表面要有一定的距离。颜色的深浅效果和区域大小可以自由控制，想要色深些可以多加热一会儿。也可以在蛋白霜表面筛一层糖粉，灼烧后，表面会带有颗粒感。

牛奶歌剧院

知识点 “歌剧院”的经典传说

“歌剧院”的经典传说

“歌剧院”是一款拥有相当长历史的法式蛋糕。其由来有很多种说法，传播比较广的有两种。一种说法认为，它原先是法国一家咖啡店研发出的人气甜点，因为很受欢迎，店址又处在歌剧院旁，所以被称为 Opera（歌剧院）。另一种说法认为，歌剧院蛋糕由 1890 年开业的“Dalloyau”甜点店最先创制，由于形状正正方方，表面也淋上一层薄薄的巧克力，很像歌剧院内的舞台，因此得名。

经过历史的演变，如今的“歌剧院”形成了以巧克力、咖啡等为主要风味的多层蛋糕。本款产品在造型上做了很大的改变，口味上依然使用了标志材料，即咖啡和巧克力。

咖啡打发甘纳许

材料

- 淡奶油……………335 克
- 阿拉比卡咖啡豆碎… 17 克
- 葡萄糖浆…………… 17 克
- 转化糖……………… 12 克
- 咖啡萃取液…………… 5 克
- 白巧克力……………175 克

材料说明

本次使用咖啡豆（烘焙）和咖啡萃取液给产品增加咖啡风味。为了使风味更好地发挥出来，可以将阿拉比卡咖啡豆敲碎，再与液体材料混合。

制作过程

1. 将淡奶油和阿拉比卡咖啡豆碎倒入锅里，加热煮沸，密封浸泡 15 分钟，然后用滤网过筛。

2. 加入葡萄糖浆和转化糖，用橡皮刮刀搅拌均匀，再放回电磁炉再次煮沸，而后加入咖啡萃取液。

3. 将“步骤 2”分次倒入白巧克力中，用橡皮刮刀搅拌至巧克力完全熔化。

4. 使用均质机搅拌均匀，贴面盖上保鲜膜，放入冰箱中冷藏 4 小时。取出，用打蛋器搅打至质地柔软，装入裱花袋中，备用。

咖啡糖浆

材料

- 水……………………500 克
- 细砂糖………………230 克
- 阿拉比卡咖啡粉…… 15 克
- 咖啡萃取液………… 10 克

制作过程

将水和细砂糖倒入锅中，加热煮沸，离火。加入阿拉比卡咖啡粉，密封浸泡 30 分钟，用网筛过滤到盆中，加入咖啡萃取液，备用。

扁桃仁软饼底

材料

- 全蛋…………………… 75 克
- 蛋黄…………………… 75 克
- 低筋面粉…………… 38 克
- 糖粉……………………112 克
- 扁桃仁粉……………112 克
- 蛋白……………………200 克
- 细砂糖………………… 45 克
- 咖啡糖浆（前面制）…适量

制作过程

1. 将全蛋和蛋黄倒在搅拌桶中，使用网状搅拌器以中速搅拌，加入过筛的低筋面粉、糖粉和扁桃仁粉，搅拌均匀。

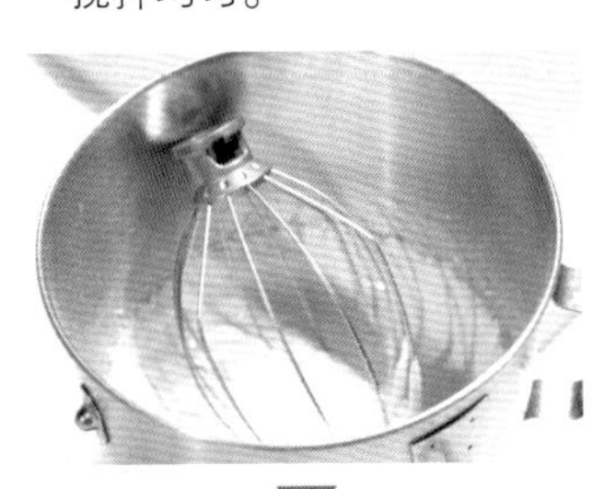

2. 将蛋白倒入另一个搅拌桶中，使用网状搅拌器以中速搅拌，分次加入细砂糖，打发至中性发泡。

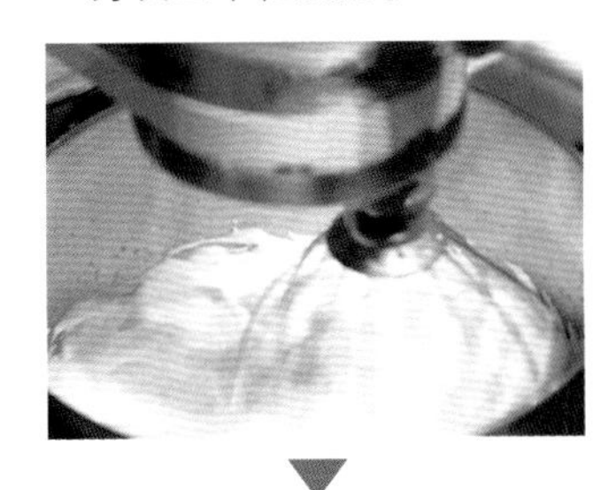

3. 取三分之一的“步骤 2”加入“步骤 1”中，用橡皮刮刀搅拌均匀，然后加入剩余的“步骤 2”搅拌均匀。

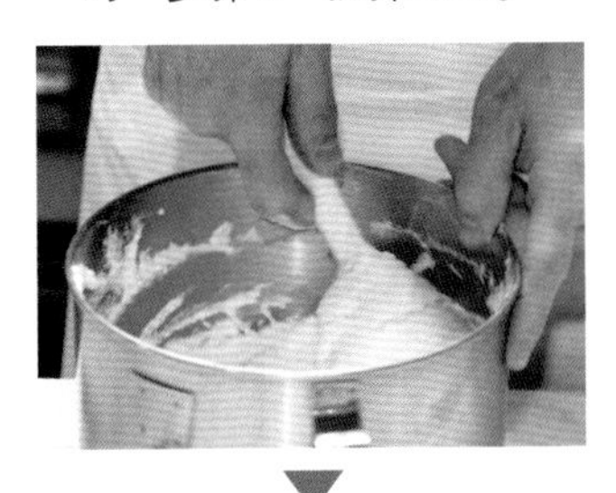

4. 将面糊倒入垫有油纸的烤盘（长 60 厘米、宽 40 厘米）中，用曲面抹刀抹平，入风炉，以 200℃烘烤 7 分钟左右，取出，冷却。

5. 用圆形模具压出直径 7.5 厘米的圆形饼底。

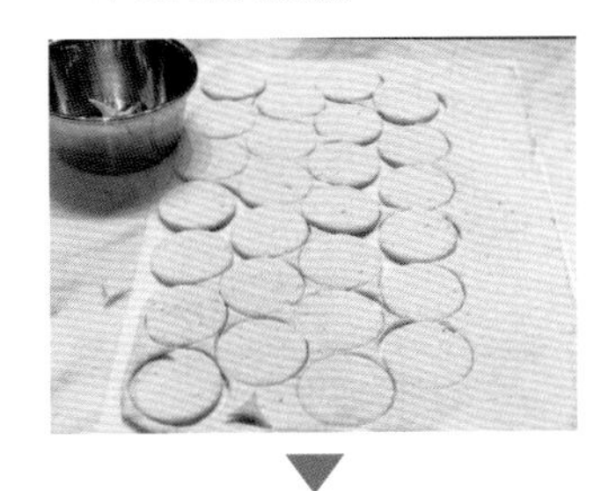

6. 将饼底在咖啡糖浆中浸泡一下，然后取出摆放在烤架上，放入速冻柜中冷冻。

牛奶内馅

材料

- 低脂牛奶……………400 克
- 淡奶油………………150 克
- 牛奶巧克力…………500 克

制作过程

1. 将低脂牛奶和淡奶油倒入锅中，加热煮沸，离火。

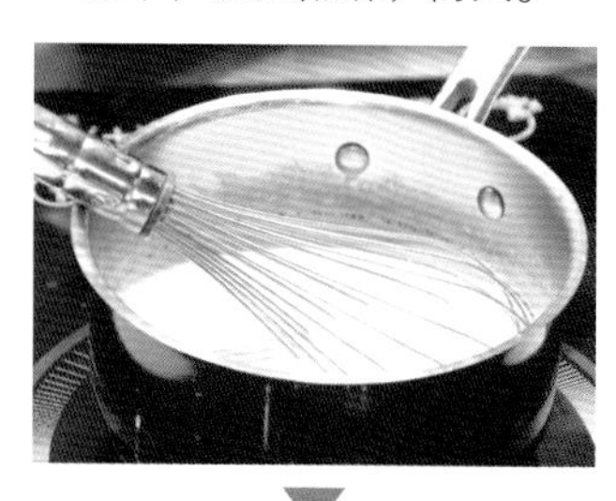

2. 将“步骤 1”分次倒入牛奶巧克力中，用橡皮刮刀搅拌均匀。

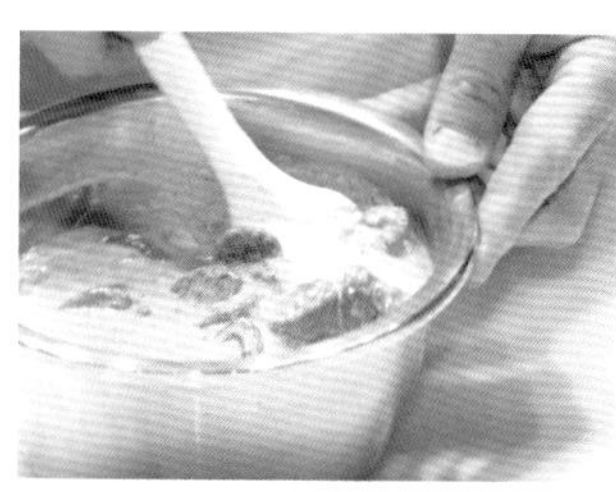

3. 倒回锅中，继续煮至沸腾，离火，贴面覆上保鲜膜。

组合

材料

- 半圆形巧克力片………适量
- 巧克力条………………适量
- 金箔……………………少许

制作过程

1. 取一块扁桃仁软饼底放入直径 7.5 厘米的圈模中。

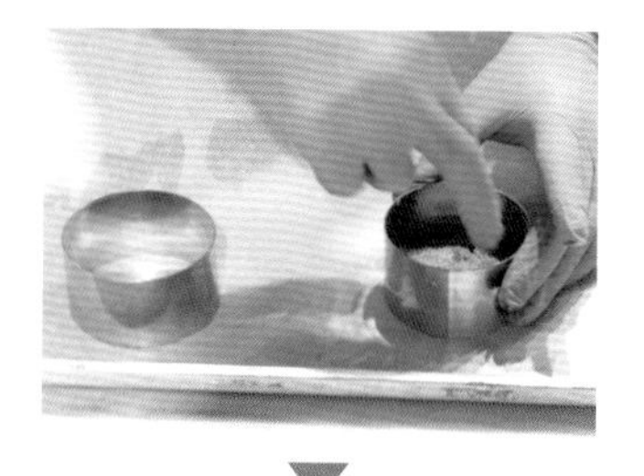

2. 挤入一层咖啡打发甘纳许，再叠上一块饼底，放入速冻柜中冷冻。

3. 取出，继续挤上一层牛奶内馅，再叠上一块饼底。

4. 挤上咖啡打发甘纳许至满，用抹刀抹平，放入速冻柜中冻硬成型。

5. 取出，脱模，用刀将蛋糕从中间一切为二，成两个半圆形，再切面朝下摆放在烤盘中。

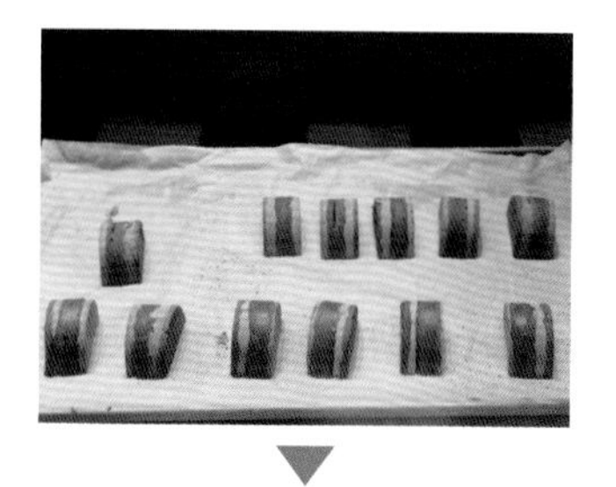

6. 将咖啡打发甘纳许装入带有直花嘴的裱花袋中，在蛋糕表面挤出花纹褶皱，在两侧贴上半圆形巧克力片。

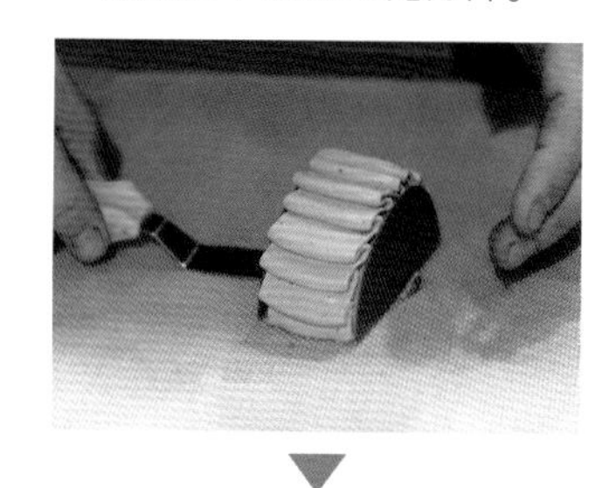

7. 最后在顶部摆放两根巧克力条和少许金箔装饰。

香草草莓甜心

知识点　法式甜品常用的组合结构

玛德琳饼底

材料

- 全蛋……………………295 克
- 转化糖………………155 克
- 黄油…………………240 克
- 牛奶…………………60 克
- 盐……………………3 克
- 黄柠皮屑……………5 克
- T45 面粉……………295 克
- 糖粉…………………150 克
- 泡打粉………………12 克

材料说明

·本配方中的黄柠皮屑为新鲜黄柠檬现刨而成。

·本配方中的 T45 面粉、糖粉和泡打粉须混合过筛后使用。（T45 面粉为法国面粉，可以用低筋面粉替代）

·本配方中的黄油须加热熔化到 50℃使用。

制作过程

1. 将转化糖和全蛋放入搅拌桶中，以中速搅打 20 分钟，打发至颜色呈现发白状，提起搅拌器时，搅拌器上的混合物滴落在搅拌桶内，桶内面糊不会立刻融合在一起即可。

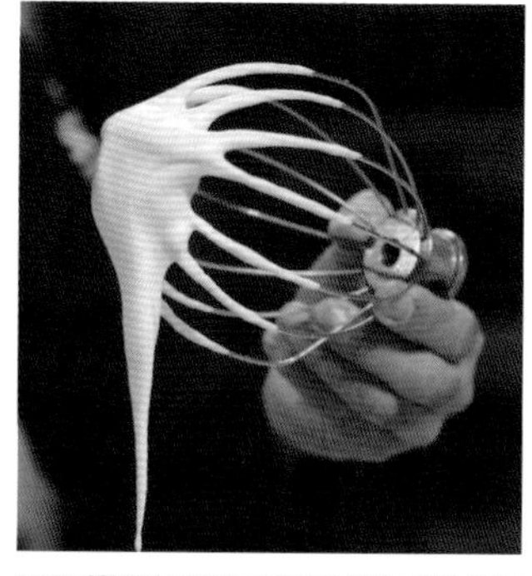

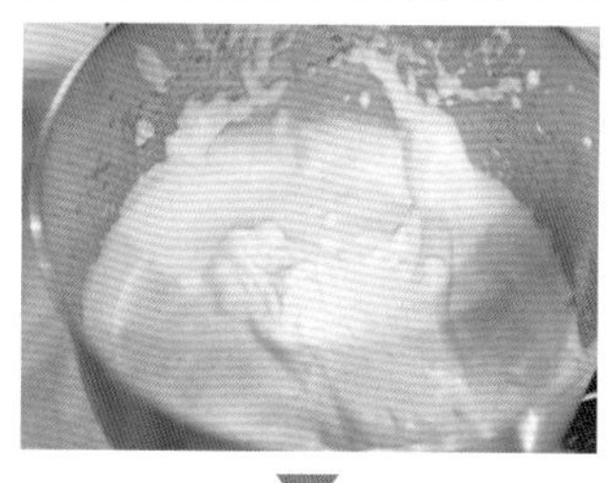

2. 先将熔化的黄油与牛奶混合拌匀，再将其和黄柠皮屑、粉类混合物、盐依次倒入“步骤 1”中，翻拌均匀制成面糊。

3. 将面糊倒入放有烘焙纸（油纸）的烤盘中，用抹刀抹至0.8~1厘米厚，抹平即可。

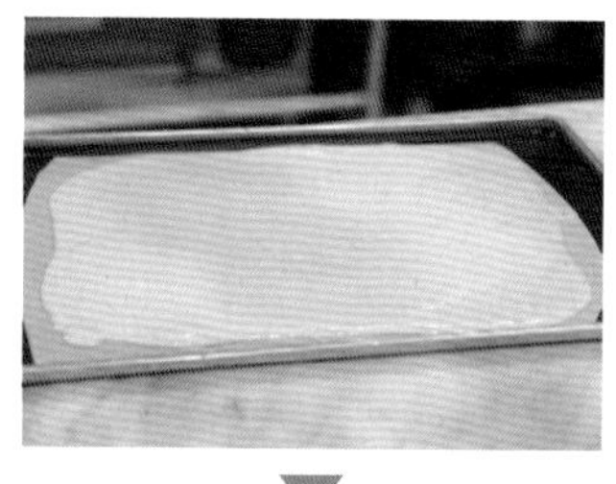

4. 放入温度为 165℃的风炉中，烘烤约 15 分钟，取出放在烤架上，冷却降温。

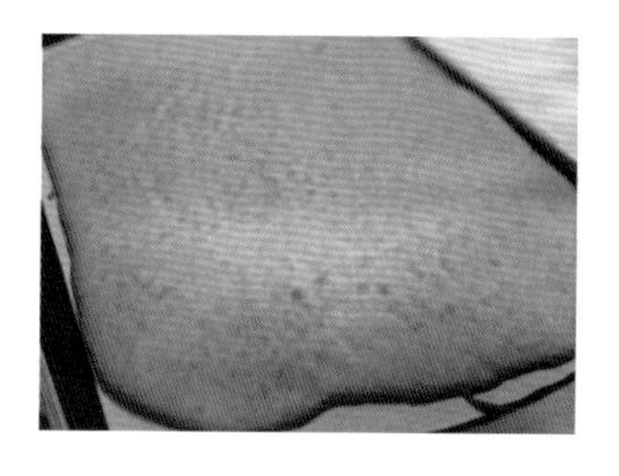

扁桃仁脆脆

材料

- 黄油…………………237 克
- 细砂糖………………237 克
- 扁桃仁片……………200 克
- 细盐…………………4 克
- T55 面粉……………50 克
- T55 面粉（手粉）……适量

材料说明

・本配方中的 T55 面粉需过筛使用。T55 面粉为法国面粉，可以用中筋面粉混合低筋面粉，或者直接使用中筋面粉代替使用。

・本配方中的黄油须软化后使用。

制作过程

1. 将软化黄油和细砂糖加入搅拌桶中，用扇形搅拌器搅打均匀即可，不需打发。

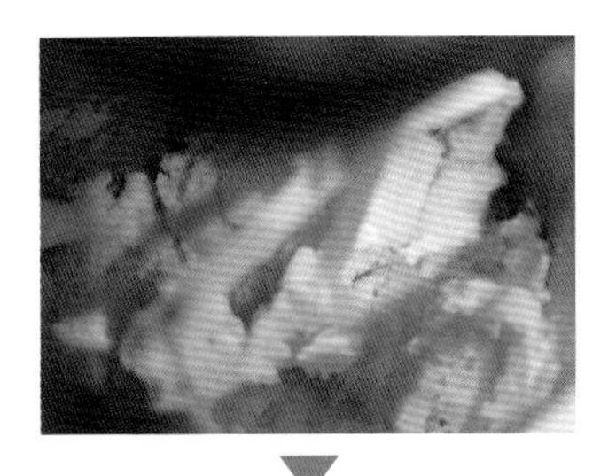

2. 将扁桃仁片、细盐和 T55 面粉加入"步骤 1"中，搅打成团即可。

3. 取出面团放在烘焙纸上，在表面撒适量手粉，再盖上一张烘焙纸，用擀面杖将其擀至 0.5 厘米厚。

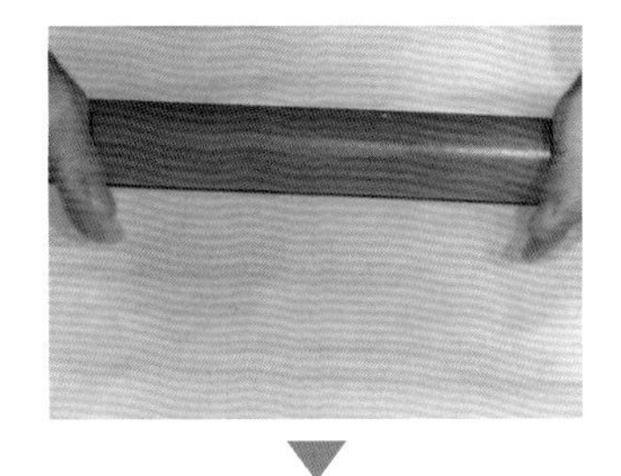

4. 将表面的烘焙纸去除，用直径 15 厘米的慕斯圈压切出圆形。

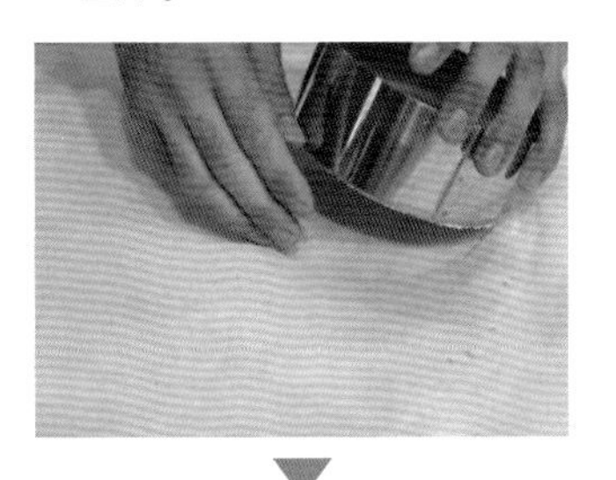

5. 将面皮放在直径 15 厘米圆形硅胶模具中。

6. 入风炉，以 155℃烘烤约 15~20 分钟。取出，放置室内，冷却降温。

草莓果酱

材料

・转化糖………………… 95 克
・草莓果蓉………… 1240 克
・覆盆子果蓉…………145 克
・葡萄糖浆……………185 克
・细砂糖………………161 克
・NH 果胶 …………… 15 克
・冷冻草莓粒…………400 克
・吉利丁块…………… 37 克

材料说明

・本配方中的吉利丁块为吉利丁粉与冷水泡发后熔化、冷凝而成（吉利丁粉与冷水比例为 1 ： 5）。

・本配方中的 NH 果胶须与细砂糖混合拌匀使用。

・本配方中的冷冻草莓须切成粒状使用。

制作过程

1. 将草莓果蓉、转化糖、覆盆子果蓉和葡萄糖浆加入锅中，边用手动打蛋器搅拌，边将其加热至 40℃。

2. 将 NH 果胶与细砂糖混合物加入“步骤 1”中，煮至糖度达到 42.5 波美度（使用糖度仪可以测量），关火。

3. 加入冷冻草莓粒，开小火，边用手持打蛋器搅拌边煮至沸腾，关火。

4. 倒入盆中，加入吉利丁搅拌均匀，再将其隔冰水稍微降温（使用温度为 20℃）。

香草轻奶油

材料

- 半脱脂牛奶……… 1000 克
- 香草膏……………… 21 克
- 黄油………………… 88 克
- 蛋黄…………………246 克
- 细砂糖………………154 克
- 吉士粉……………… 88 克
- 吉利丁块……………120 克
- 35% 淡奶油（打发）………………………… 1600 克

材料说明

·本配方中的香草膏可由香草荚代替，香草荚的用量为 6 根。

·本配方中的吉利丁为吉利丁粉与冷水泡发而成（吉利丁粉与冷水比例为 1 ∶ 5）。

·本配方中打发淡奶油的打发程度为七分。须提前打发好，再冷藏备用。

制作过程

1. 将半脱脂牛奶、黄油、香草膏倒入锅中，煮沸。

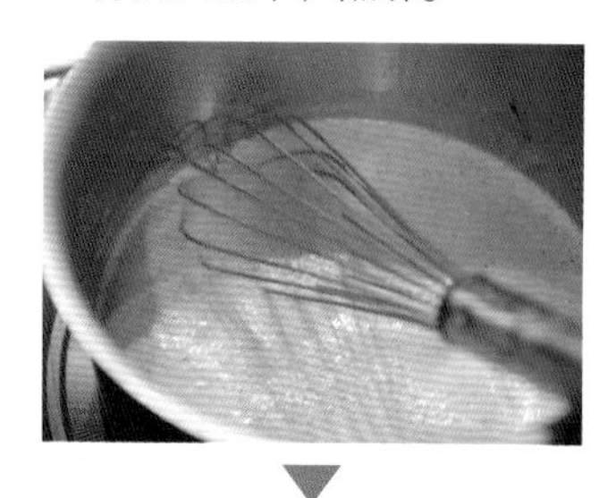

2. 另将细砂糖、蛋黄和吉士粉放入盆中，搅拌均匀，将“步骤 1”倒入其中，用手持打蛋器搅拌均匀。

3. 将“步骤 2”回倒入锅中，用小火加热，其间不停搅拌至浓稠且具有光泽状，离火，而后倒入盆中，加入吉利丁，搅拌至吉利丁完全熔化。

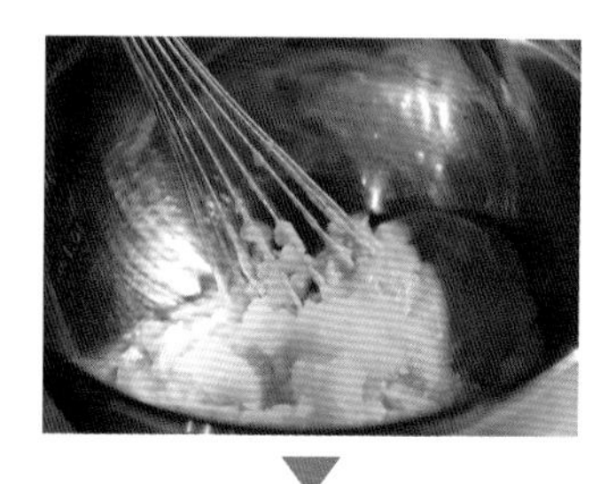

4. 隔冰水降温至 45℃，备用。

5. 将打发的淡奶油从冷藏柜取出，分两次加入“步骤 4”中，用手持打蛋器搅拌均匀，备用。

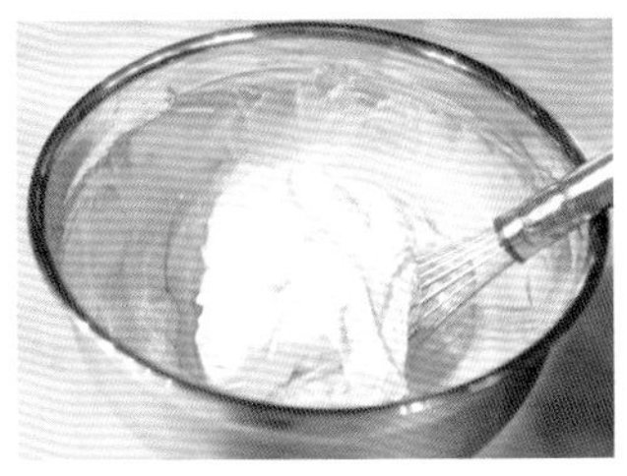

中性淋面酱

材料

- 水························ 36 克
- 细砂糖················· 72 克
- 葡萄糖浆·············· 72 克
- 含糖炼乳·············· 36 克
- 吉利丁块·············· 36 克
- 32% 白巧克力 ······ 97 克
- 可可脂················· 17 克

材料说明

本配方中的吉利丁块为吉利丁粉与冷水泡发后熔化、冷凝而成（吉利丁粉与冷水比例为 1 ∶ 5）。

制作过程

1. 将水、细砂糖、葡萄糖浆放入锅中，边用手动打蛋器搅拌，边煮至 110℃，离火。

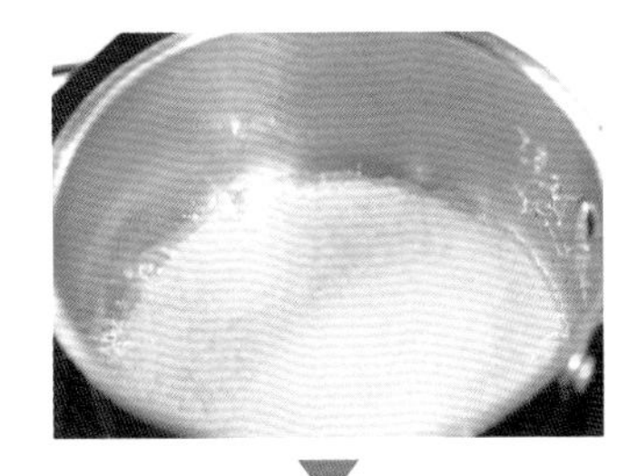

2. 将吉利丁块和含糖炼乳依次加入“步骤 1”中，搅拌均匀。

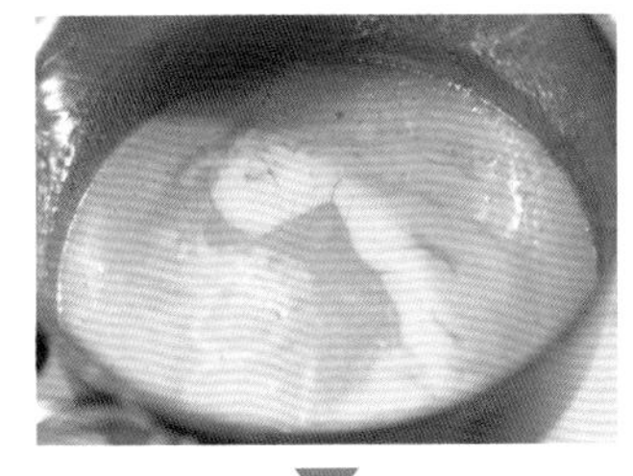

3. 将“步骤 2”倒入装有白巧克力和可可脂混合物的盆中，用均质机搅打至完全乳化。

制作中性淋面酱时，一般煮至 103℃，本配方中煮至 110℃是为了挥发其水分。

覆盆子淋面

材料

- 葡萄糖浆·············· 20 克
- 覆盆子果蓉············ 30 克
- 水························134 克
- 细砂糖················· 24 克
- NH 果胶 ················· 2 克
- 中性淋面酱（前面制）······
···························280 克
- 覆盆子红色色粉·········适量

材料说明

本配方中的细砂糖与 NH 果胶须混合均匀后使用。

制作过程

1. 将葡萄糖浆、覆盆子果蓉和水倒入锅中，加热至 40℃，再加入细砂糖与 NH 果胶的混合物，煮沸，离火。

2. 将中性淋面酱和覆盆子红色色粉（色粉用量可根据个人需要决定）加入，用均质机搅拌均匀，再煮沸，而后倒入盆中备用。

组装装饰

材料

- 巧克力围边……………适量
- 新鲜草莓………………适量
- 防潮糖粉………………适量

工具与制作说明

本次制作塑形使用了硬慕斯围边，方便快速，可用于各类产品的制作。

制作过程

1. 将玛德琳饼底的烘焙纸去除，再用直径15厘米的慕斯模具压出形状。

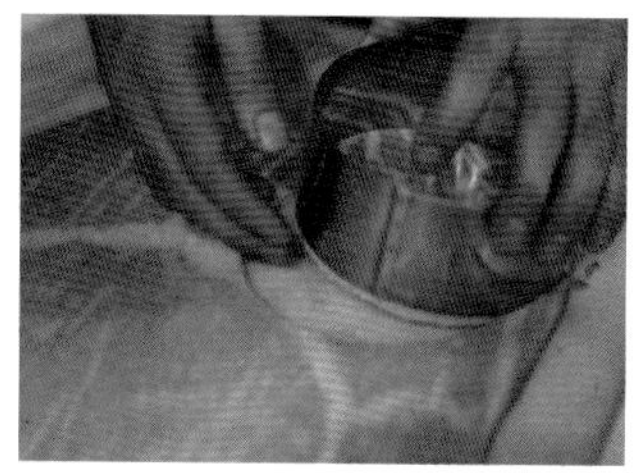

2. 在慕斯模具内部围上一圈硬慕斯围边，用胶带将其固定（使其直径与慕斯模具保持一致），而后放入“步骤1”，再去除慕斯模具。

3. 用勺子将温度为20℃的草莓果酱舀出，放入“步骤2”中至三分满，用勺背将其表面稍微抹平，放入冷冻柜定型。

4. 在直径16厘米的圈模内部围上一圈硬慕斯围边，用胶带将其固定（使其直径与圈模保持一致），用勺子舀入香草轻奶油，直至五分满。

5. 用橡皮刮刀带起奶油至铺满整个内壁。

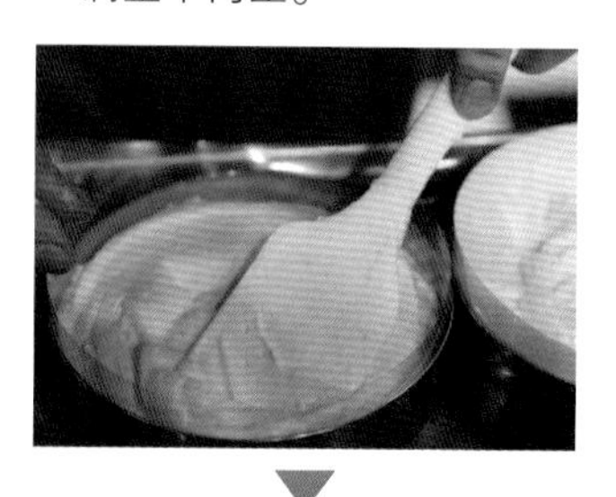

6. 将“步骤3”取出，脱去硬围边，将玛德琳饼底朝下放入“步骤5”的中心处，用手将其稍微向下按压。

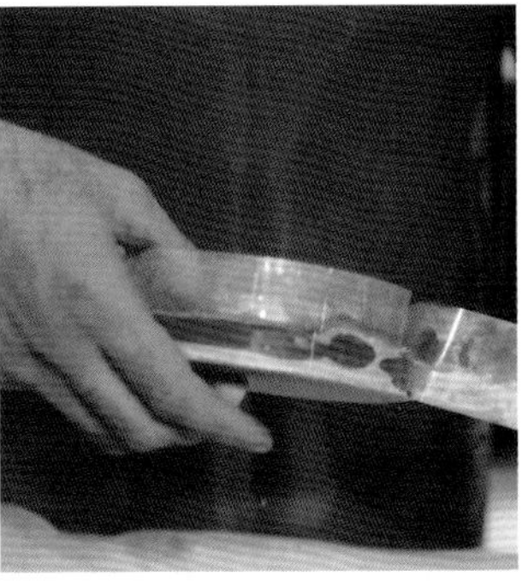

7. 再铺入一层香草轻奶油，用橡皮刮刀和刮板相互配合由中心向四周涂抹，最后呈现中间凹，四周高的状态。

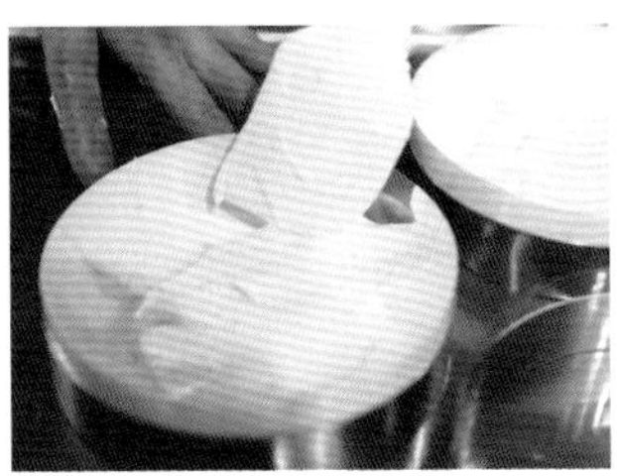

8. 将完全冷却的扁桃仁脆脆脱模，放在“步骤7”中心处，用手稍微向下按压，再将溢上来的香草轻奶油抹平，入冷冻柜定型。

9. 取出，将扁桃仁脆脆朝下，双手的大拇指抵在圈模上方，双手其他手指放在下方扁桃仁脆脆位置撑顶，以此让圈模向下移动脱出（硬围边先不要去除）。

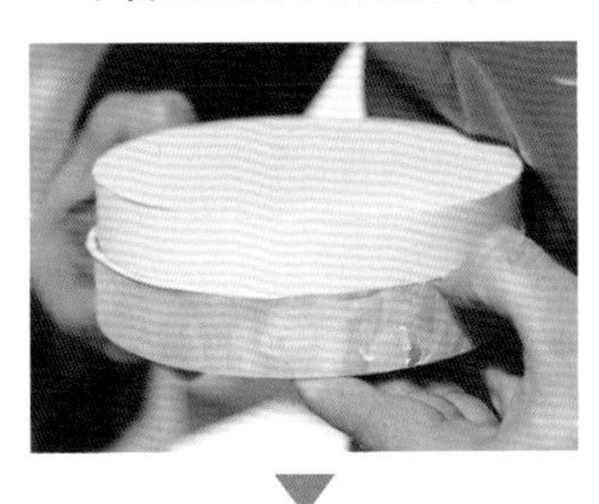

10. 先用抹刀将蛋糕表面多余的香草轻奶油去除，再倒上适量覆盆子淋面，用抹刀抹平。

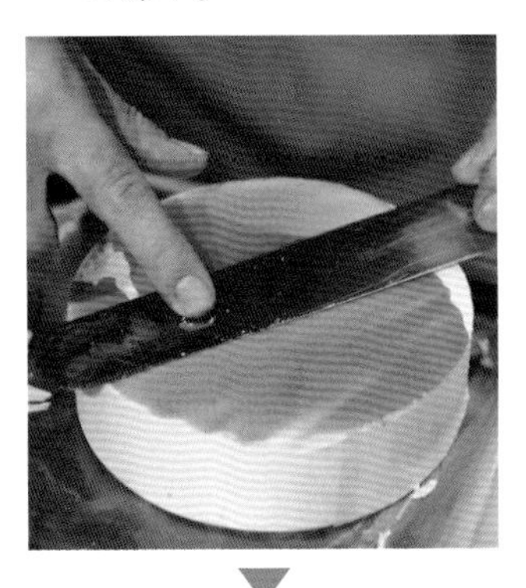

11. 用抹刀修去边缘多余的覆盆子淋面，去除硬围边。

12. 将巧克力围边取出，轻轻地围在蛋糕侧边。

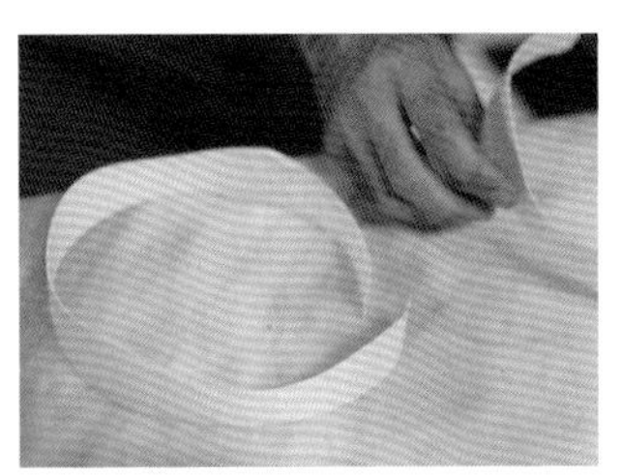

13. 将新鲜草莓去蒂，再对半切开，在蛋糕表面由外而内依次摆满；最后在中心处放上整颗新鲜草莓，在表面筛上防潮糖粉即可。

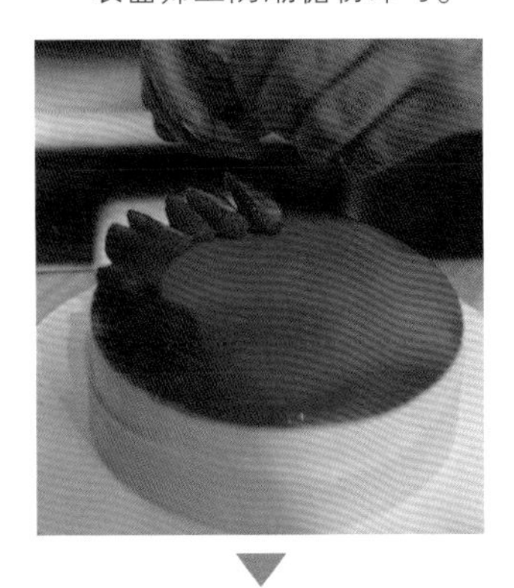

大小模具的配合使用

本次制作的组装方式在法式甜品中常用到，即在“大模具”产品内填入“小模具”产品，使内部有多层次的馅料，而外部又能呈现出整体性。比如以下一组模具的配合使用。

1.准备小模具、大模具。

2.在小模具中填入馅料，并使之定型。

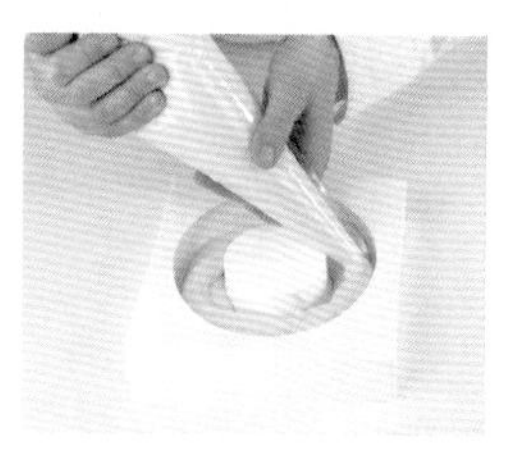

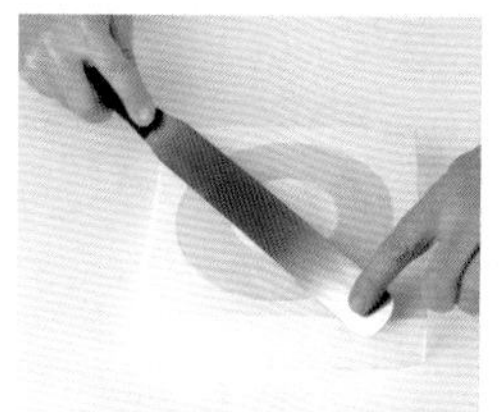

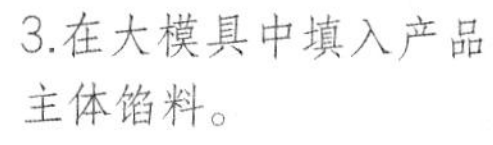

3.在大模具中填入产品主体馅料。

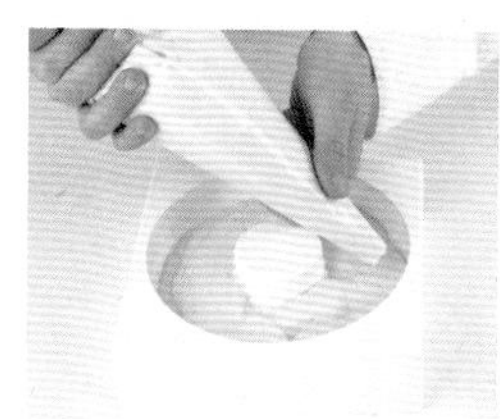

4.将小模具产品放入大模具馅料中，下压组合。

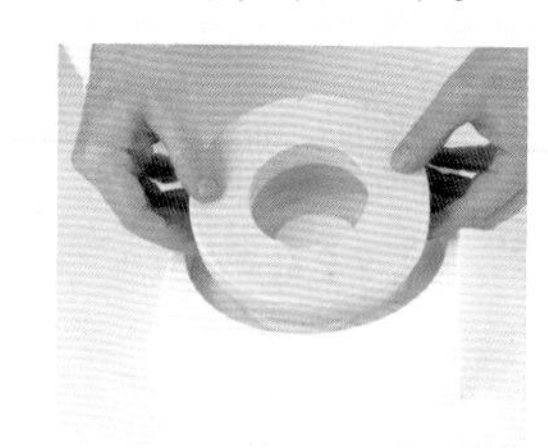

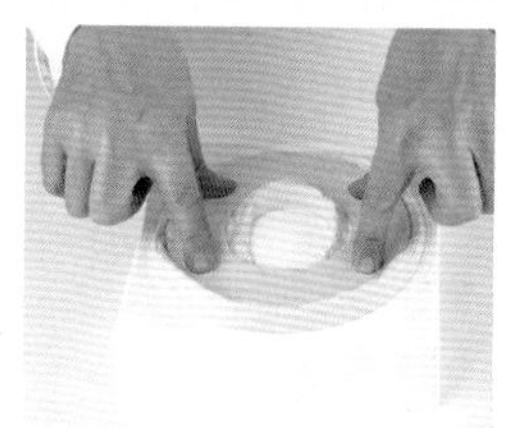

5.将顶部理平。

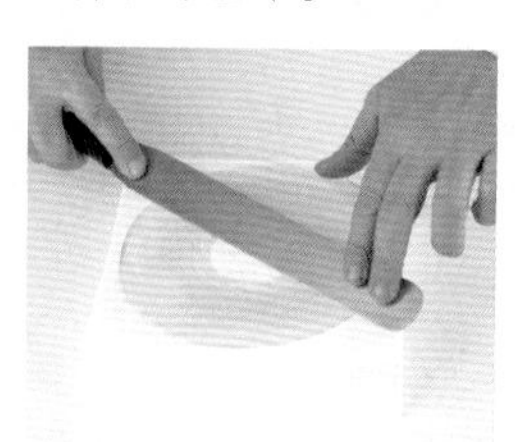

6.取出整体，放入冰箱冷冻定型。

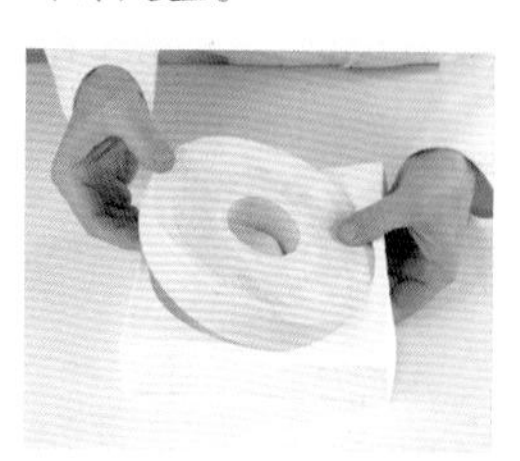

一口巧克力

知识点　多层甜品切割的注意点

巧克力甜酥面团

材料

- 黄油……………………480 克
- 糖粉……………………192 克
- 盐…………………… 3.6 克
- 全蛋……………………168 克
- 扁桃仁粉……………192 克
- 可可粉………………… 72 克
- 低筋面粉……………672 克

工具与制作说明

本次制作使用扇形搅拌器混合材料，至形成基础面团。为了使塑形更加方便，需要冷藏松弛一段时间，再通过开酥机对产品进行擀压，也可以手动使用擀面杖进行擀制。之后将面皮切成适宜的长度，再进行烘烤。

制作过程

1. 将黄油、糖粉和盐放入搅拌桶中，使用扇形搅拌器搅拌均匀。

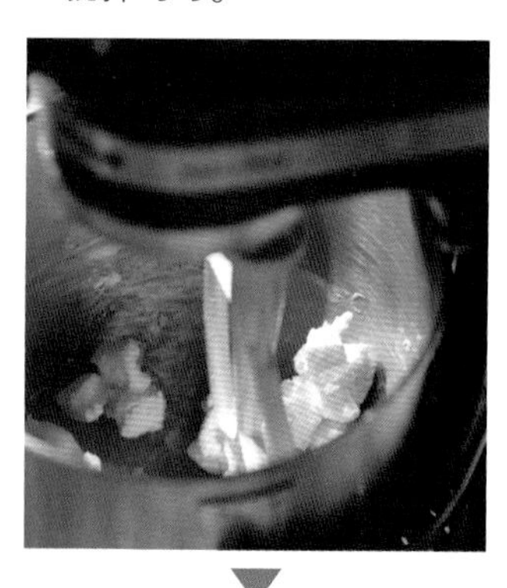

2. 分次加入全蛋液，继续搅拌至混合均匀。

3. 分次加入已混合过筛的粉类（可可粉、低筋面粉和扁桃仁粉），低速混合搅拌均匀。

4. 将其取出，用保鲜膜包裹住，冷藏松弛 20 分钟左右。再取出，将面团夹在两张油纸中间，用开酥机擀至 0.2 厘米厚，而后切成长 12 厘米、宽 3 厘米的长条。放入烤盘中，入平炉，以上、下火 160℃烘烤约 25 分钟。

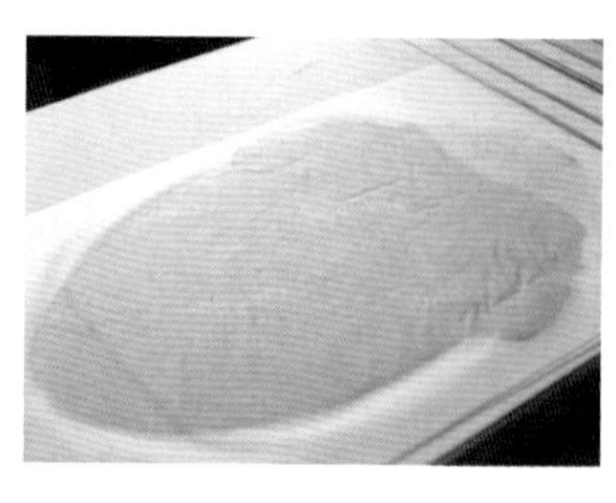

巧克力饼底

材料

- 65% 黑巧克力 ……100 克
- 55% 黑巧克力 …… 34 克
- 黄油……………………100 克
- 45% 淡奶油 ………112 克
- 蛋黄…………………… 90 克
- 细砂糖 1 …………… 54 克
- 蛋白……………………200 克
- 细砂糖 2 ……………126 克
- 低筋面粉…………… 54 克
- 扁桃仁粉…………… 54 克
- 可可粉……………… 54 克

制作过程

1. 将全部巧克力和黄油放入盆中，边搅拌，边将其隔水熔化。

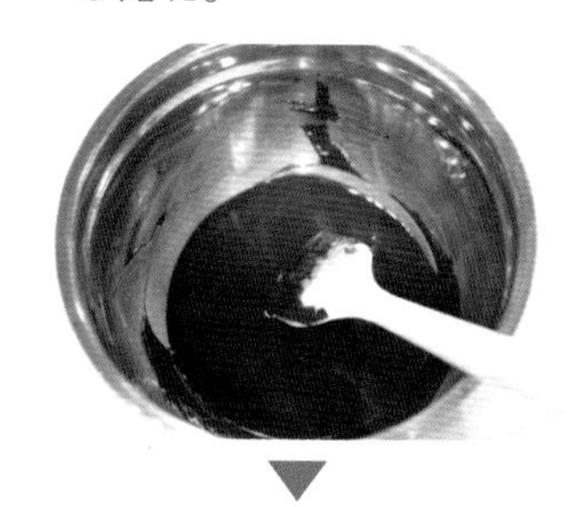

2. 另将 45% 淡奶油放入锅中，加热至 60℃。

3. 将“步骤 1”与“步骤 2”混合，拌匀。

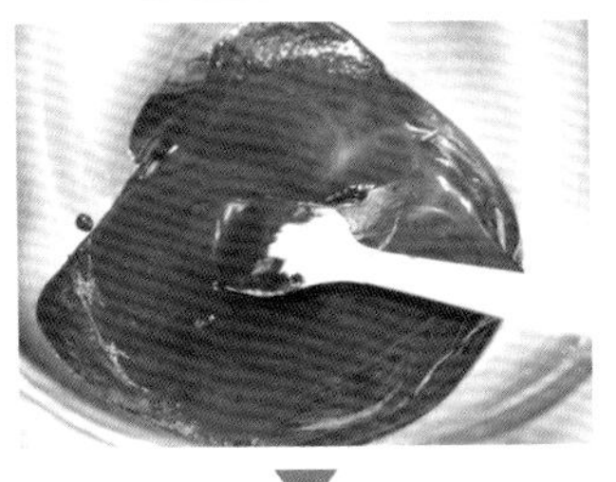

4. 加入蛋黄和细砂糖 1，边搅拌边将其隔水加热至 40℃。

5. 将蛋白加入搅拌桶中，分次加入细砂糖 2，搅打至干性发泡。

6. 先将“步骤 5”分三次与“步骤 4”混合拌匀，再边翻拌边加入过筛的粉类（低筋面粉、扁桃仁粉、可可粉）均匀混合，而后倒入置于烤盘上的框模中，用刮板将表面抹平，放入平炉中，以上火 170℃、下火 160℃开风门烘烤约 28 分钟。

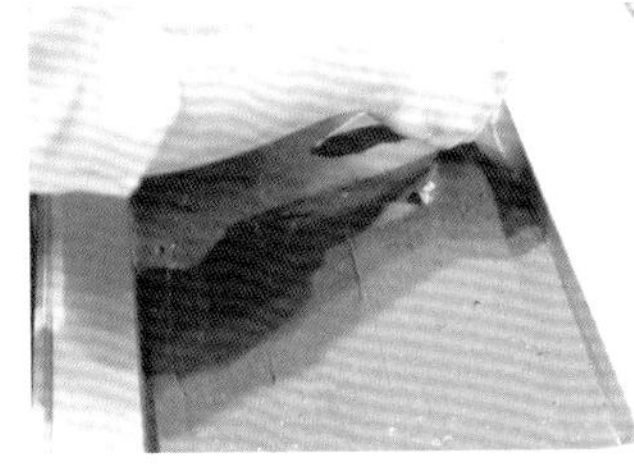

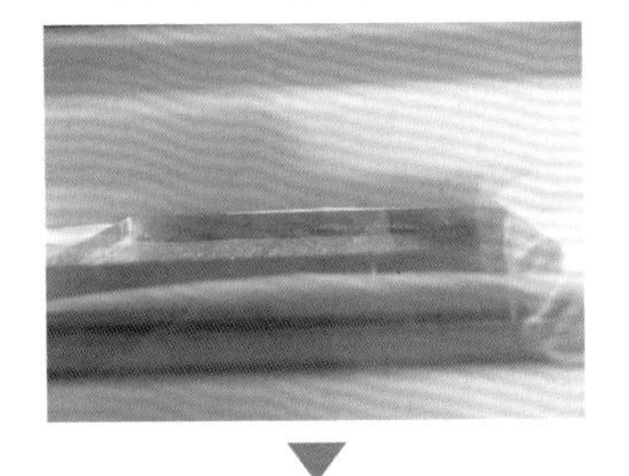

7. 取出，待其冷却，脱模，修去多余的部分，备用。

甘纳许

材料

- 35% 淡奶油 ………550 克
- 转化糖…………… 92.4 克
- 黄油…………………143 克
- 65% 黑巧克力 ……308 克
- 41% 牛奶巧克力 …154 克

制作过程

1. 将 35% 淡奶油、转化糖、黄油放入锅中，煮沸。

2. 将两种巧克力放入盆中混合，再倒入“步骤 1”，用橡皮刮刀搅拌均匀即可。

扁桃仁薄脆

材料

- 扁桃仁碎……………650 克
- 细砂糖………………170 克
- 香草荚…………………1 根
- 黄油…………………14 克

制作过程

1. 将除黄油外所有材料放在复合锅中，小火翻炒至焦化，离火，加入黄油，稍微搅拌至黄油熔化。
2. 倒在铺有硅胶垫的烤盘上，摊匀，放凉即可。

淋面

材料

- 牛奶巧克力脆面淋酱…………………………720 克
- 70% 黑巧克力 ……288 克
- 色拉油………………72 克
- 扁桃仁薄脆（前面制）………………………………300 克

材料说明

本次的淋面属于脆淋面的一类，材料中不含凝胶，凝固效果主要来自巧克力。

工具与制作说明

使用刮刀对材料进行基础混合，完成后的使用温度为22~23℃。

制作过程

将牛奶巧克力脆面淋酱、70%黑巧克力、色拉油混合，隔水熔化，加入扁桃仁薄脆，混合拌匀即可。

组合装饰

材料

- 66%黑巧克力 ………适量
- 巧克力喷面……………适量
- 金箔……………………适量
- 巧克力配件……………适量

材料说明

本配方中的黑巧克力须隔水熔化到 40℃使用，不用调温。

巧克力喷面是将黑巧克力和可可脂按照重量比 1 ∶ 1 进行混合而成的液体材料，使用喷砂机喷在产品表面，效果均匀且细致。

制作过程

1. 将处理好的饼底放入铁框模中，倒入一层甘纳许，用抹刀抹平，将其放在温度低的地方静置 1 小时，待其稳定结晶，再入冰箱冷藏。（剩余甘纳许表面覆上保鲜膜，放在温度稍低的地方，等待其结晶，不需放冷藏）。

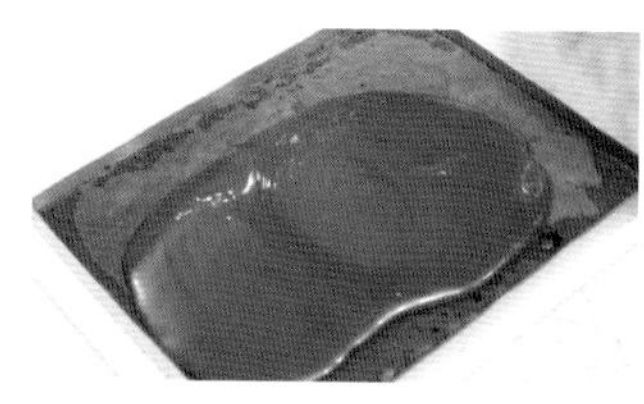

2. 将“步骤 1”的铁框模具取下，在饼底表面抹上薄薄一层66%黑巧克力，抹平，待凝固。

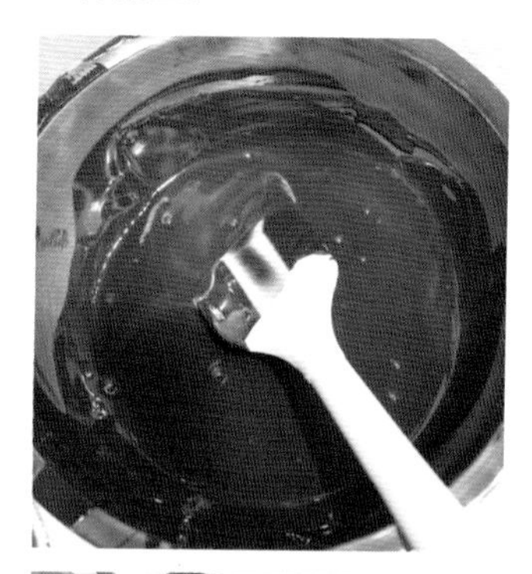

3. 加热锯齿刀，将“步骤 2”切成长度为 11 厘米、宽度为 2.6 厘米的长条。

4. 在甜酥面团的两面喷上巧克力喷面（为产品增加巧克力风味，同时有一定的防潮功效），再在表面中心挤上一条甘纳许（起粘连作用），叠放上“步骤 3”。

5. 在“步骤 4”表面淋上一层淋面，用吹风机的冷风吹去多余淋面，放入冰箱中冷藏，使其稍微凝固。

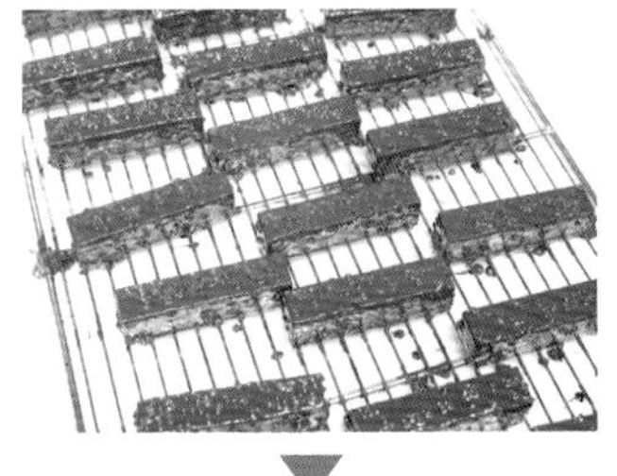

6. 将剩余甘纳许挤在塑料底托上（起粘连稳定作用），叠放上“步骤 5”，而后用锯齿花嘴在表面以边挤边绕的手法挤上一层甘纳许。

7. 将巧克力配件侧放在顶上，再点缀少许金箔。

· 如果饼底上有空隙，可以将甘纳许挤在其中，使空隙被填满，这样更美观，且口感会更好。

· 本款产品一口可以吃到饼干、蛋糕、甘纳许和巧克力的味道，口感层次丰富。

· 对多层的甜品切割需要注重切面的美观度，所以在切割前，需要先对刀面进行加热，可以用火枪烧或者用热水烫一下刀面，再进行切割，可避免切面糊层。

异域风情磅蛋糕

知识点　磅蛋糕的表面装饰

磅蛋糕

材料

- 黄油……………………470 克
- 细砂糖………………470 克
- 全蛋液………………470 克
- 椰蓉…………………… 80 克
- 百香果果蓉………… 90 克
- 低筋面粉……………175 克
- 玉米淀粉…………… 80 克
- 泡打粉……………… 6.5 克
- 扁桃仁粉……………240 克
- 半干杏肉（切碎）…240 克

材料说明

全蛋液在使用前需要先加热至 35℃左右，这样可以与黄油更好地融合。

工具与制作说明

使用扇形搅拌器进行基础材料的混合搅拌，面糊完成后倒入裱花袋，挤入模具中（需要先在模具的内壁抹上一层黄油防粘），再烘烤成形。

制作过程

1. 将黄油和细砂糖倒入搅拌桶中打发，分次加入温热的全蛋液、椰蓉，搅拌均匀。

2. 加入百香果果蓉搅拌均匀，加入已过筛的低筋面粉、泡打粉、扁桃仁粉、玉米淀粉，搅拌均匀。

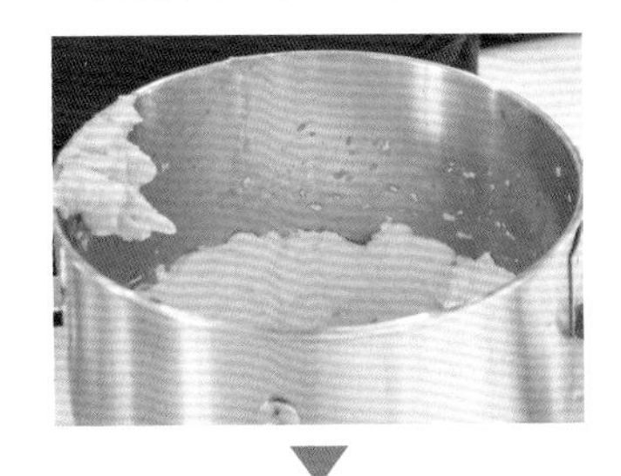

3. 加入半干杏肉碎拌匀。

4. 将面糊装入裱花袋中，挤入磅蛋糕模具（长 13 厘米、宽 5 厘米、高 5 厘米）中，至六分满。

5. 入烤箱，以上、下火 170℃烘烤20 分钟左右，出炉脱模。

杏子果酱

材料

- 杏子果蓉……………100 克
- 水………………………100 克
- 橙汁……………………120 克
- 柠檬汁………………… 20 克
- 细砂糖…………………165 克
- NH 果胶粉 ……………3 克
- 杏子利口酒………… 20 克

材料说明

将材料混合加热至 80℃左右，而不是沸腾，可以进一步保护果蓉的风味，同时激发果胶粉的效用。

制作过程

1. 将杏子果蓉、水、橙汁、柠檬汁混合放入锅中，加热至 40℃左右，加入细砂糖和 NH 果胶粉的混合物，边搅拌边加热至 80℃。

2. 离火，加入杏子利口酒搅拌均匀。

3. 用网筛过滤到盆中，贴面盖上保鲜膜，待用。

组合

装饰材料

- 椰蓉……………………100 克
- 半干杏肉……………100 克
- 镜面果胶…………… 50 克
- 整颗杏仁…………… 50 克
- 开心果碎…………… 30 克
- 金箔……………………1 片

制作过程

1. 用毛刷在磅蛋糕表面刷上一层杏子果酱。

2. 在磅蛋糕侧面四周粘上一层椰蓉。

3. 在磅蛋糕顶部摆放半干杏肉，刷上一层镜面果胶，摆放整颗杏仁、开心果碎和金箔进行装饰即可。

磅蛋糕的表面装饰

磅蛋糕以打发黄油为基础，混合多种食材打造出复合型的口味。其含油量大，产品完成初期，口感湿润、厚重；在长时间储存后，口感会慢慢变得干燥，从而欠佳。所以很多磅蛋糕的表面会刷一层糖浆或者果胶，一来增加光亮感，二来可以减少蛋糕中的水分流失，使保存时间延长。

在前面基础上可以再做一些淋面、糖霜等装饰。此外，也可以在糖浆内加入酒等增香。

本次磅蛋糕表面刷上杏子果酱和镜面果胶，不仅可以起到保湿、增添风味的作用，还可增加诱人的光泽。

海岛米欧蕾

知识点 杯装甜品的注意要点

透明杯装甜品

透明杯装甜品是以慕斯杯、玻璃杯等来组装、盛放蛋糕的形式，可以从外部直接看见蛋糕层次，上桌、食用都比较方便，易储存，无论家庭或饼店都适合采用。

杯子甜品组合的要点

· 填充时要干净利落。对于透明材质的杯子，填充时要避免层次模糊，可以使用具有"定点"功能的工具进行填充，比如裱花袋、滴壶等。对于不透明的纸杯等，填充时要避免面糊或者酱汁落在杯外，影响美观。

· 填充时注意把控厚度或高度。对于冷藏性质的组合甜品，填充时注意层次之间的和谐，避免某一层过多或者过少，影响整体口感。对于烘烤性质的杯子蛋糕，填充时需要考虑烘烤后的膨胀高度，以及可能增加的装饰。

· 组合搭配要和谐。对于透明杯装甜品，从杯身侧面可以看到层次颜色、质地等，所以"组合"也是一种装饰。

香草奶冻

材料

· 淡奶油……………500 克
· 细砂糖……………80 克
· 香草精……………3 克
· 吉利丁粉（片）………4 克

材料说明

· 本次可以使用一根香草荚代替香草精。

· 将吉利丁粉（片）用其6倍的水泡开，再隔水或微波加热使其熔化，再放入冰箱冷藏备用。

制作过程

1. 将淡奶油、细砂糖放入锅中。

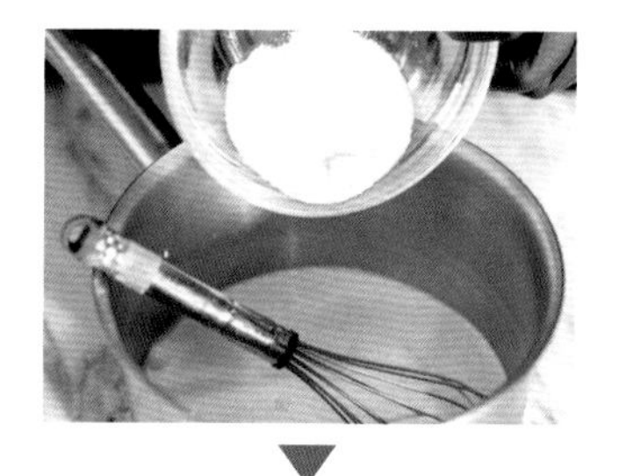

2. 加入香草精，用中火加热并用手动打蛋器搅拌均匀。

3. 煮沸后离火，加入吉利丁溶液，用手动打蛋器搅拌均匀，放置室温下冷却。

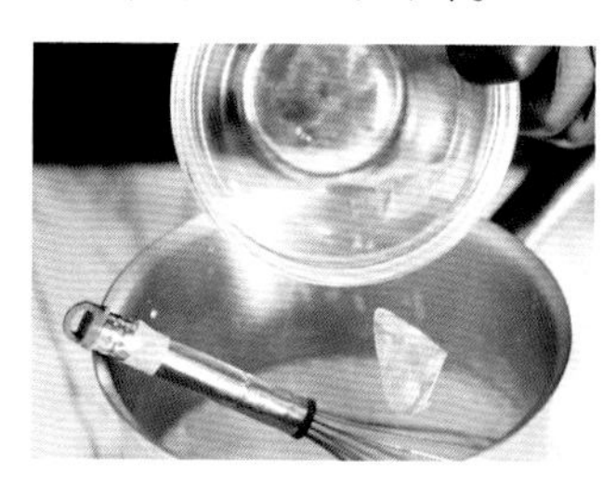

芒果果酱

材料

· 芒果果蓉……………250 克
· 细砂糖……………30 克
· 吉利丁粉（片）………2 克

材料准备

将吉利丁粉（片）用其6倍的水泡开，再隔水或微波加热使其熔化，再放入冰箱冷藏，备用。

制作过程

1. 将芒果果蓉放入锅中。

2.加入糖，用中火加热并用手动打蛋器搅拌均匀。

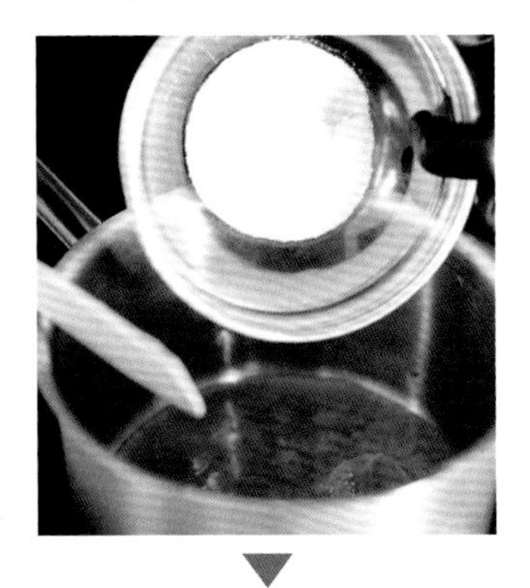

3.煮沸后离火，加入吉利丁溶液，放置室温下冷却，备用。

青柠椰子米欧蕾

材料

- 大米……………………100 克
- 椰子果蓉……………500 克
- 细砂糖………………… 50 克
- 青柠皮屑………………适量
- 香草荚…………………… 1 根
- 水…………………………适量

材料准备

· 将大米洗净。

· 香草荚取籽使用，可用香草精或香草粉代替。

制作过程

1.将大米和其体积 3 倍的水（水须漫过米）放入锅中，用中火煮至米发白、变软。

2.离火，用漏斗过滤。

3.将煮制完成的米再放入锅中。

4.在锅中加入椰子果蓉、细砂糖、青柠皮屑、香草荚（取籽使用），用中火加热，并用刮刀搅拌均匀。

5.煮至锅内浓稠、大米的颜色变深并且体积膨大时离火。

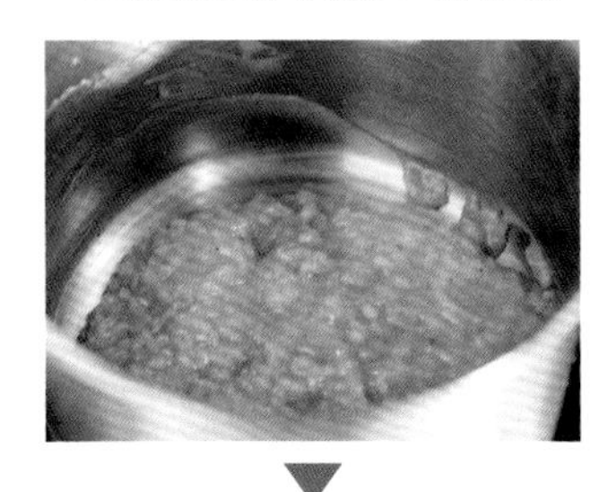

6.贴面覆上保鲜膜，室温冷却。

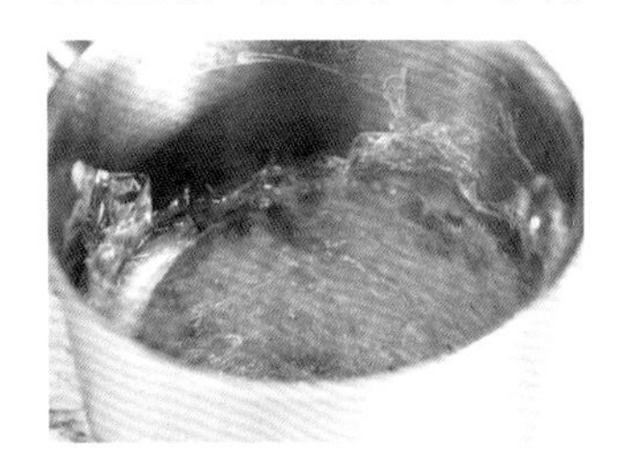

马斯卡彭香草香缇奶油

材料

- 淡奶油 1 …………… 50 克
- 细砂糖……………… 50 克
- 香草精………………… 3 克
- 吉利丁粉（片）……… 3 克
- 马斯卡彭芝士……… 150 克
- 淡奶油 2 …………… 250 克

材料说明

将吉利丁粉（片）用其 6 倍的水泡开，再隔水或微波加热使其熔化，再放入冰箱冷藏，备用。

工具与制作说明

使用复式奶锅熬煮风味材料和吉利丁，再和淡奶油、马斯卡彭芝士混合打发至浓稠状，入模具定型。本次使用的模具是 silikomart 的 12 联柠檬型模（液态硅胶材质），可以使用其他样式的模具替代。

△ 宽 2.5cm，长 4.5cm 的椭圆形硅胶模具

制作过程

1. 将淡奶油 1、细砂糖、香草精放入锅中，中火加热并用手动打蛋器搅拌均匀。

2. 煮沸后离火，加入吉利丁溶液并用刮刀搅拌均匀。

3. 将马斯卡彭芝士和淡奶油 2 加入锅中，用手动打蛋器搅拌均匀。

4. 倒入搅拌缸中，用网状打蛋器高速打发至偏浓稠的质地，并使其冷却。

5. 装入裱花袋，挤入硅胶模具中。

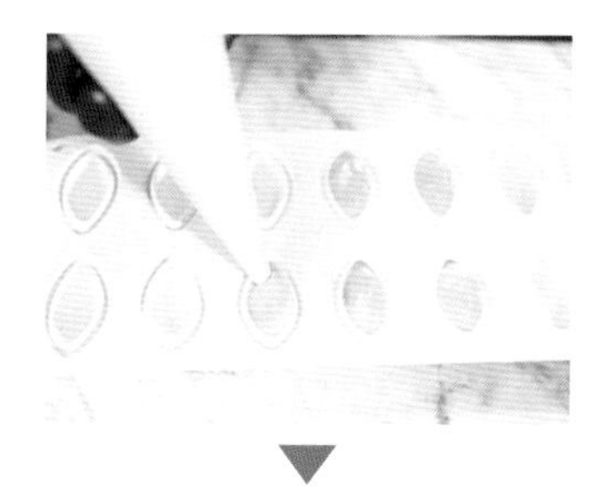

6. 用曲柄刮刀抹平并且轻震模具，放入冷冻柜，备用。

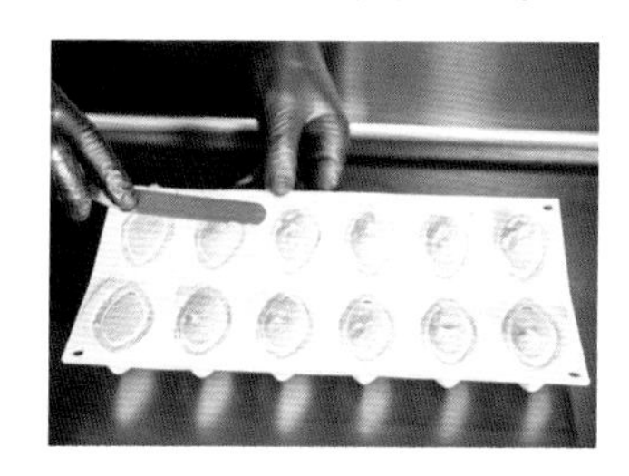

椰子脆脆

材料

- 黄油（冷）………… 50克
- 细砂糖………………… 45克
- 低筋面粉…………… 50克
- 椰蓉…………………… 25克
- 扁桃仁粉…………… 12克
- 盐之花…………………… 1克
- 香草精…………………适量

制作过程

1. 将所有材料加入搅拌缸中，用扇形搅拌器中速搅拌。

2. 将混合物倒入垫有硅胶垫的烤盘中，用手铺开。放入风炉中，以165℃烘烤12分钟。取出，放入冷冻柜，备用。

组合装饰

材料

- 防潮糖粉………………适量
- 芒果……………………适量
- 干燥的香草荚…………适量
- 金箔……………………少量

制作过程

1. 以鸡尾酒杯为盛具，将香草奶冻通过滴壶装入，约到3厘米的高度，放入冷冻柜定型。

2. 取出，将芒果果酱通过滴壶装入杯中，约0.5厘米厚，放入冷冻柜定型。

3. 取出，用勺子将青柠椰子米欧蕾装入，平铺一层。

4. 将急冻过的马斯卡彭香草香缇奶油脱模。

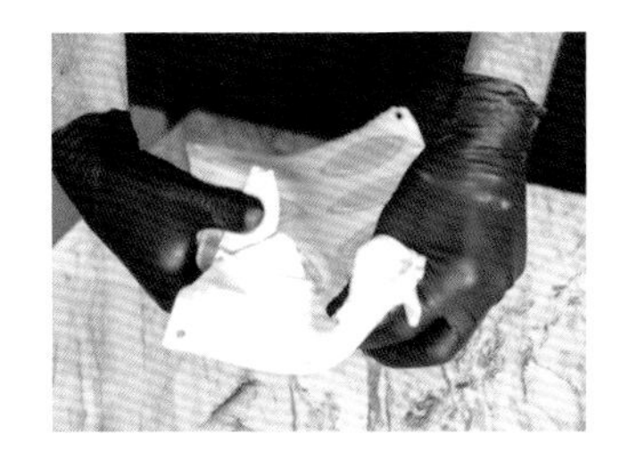

5. 将“步骤4”放入杯中。

6. 选择大小相对一致的椰子脆脆放在油纸上，撒上防潮糖粉。

7. 将芒果用刀切小块，放在玻璃碗中备用。

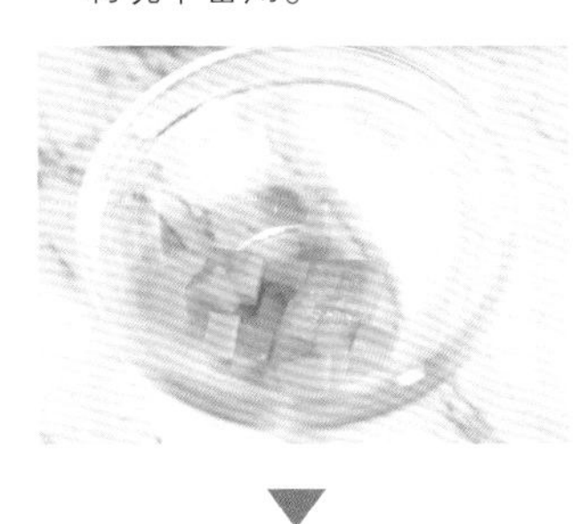

8. 将撒过防潮糖粉的椰子脆脆和芒果块放在杯中。

9. 摆上干燥的香草荚（可以使用巧克力件替代，节约成本）。

10. 用镊子取一些金箔，放在表面即可。

透明杯装甜品

使用的杯型不同，得到的效果会有很大的不同，大家可以根据实际情况，选择适合的玻璃器皿来组装，发挥自己的独特创意。

王森打造新晋网红打卡地
开在山间的文旅商业街
旺山。
遇见
卢浮宫
承接：团建活动、 亲子活动、春夏令营
地址：苏州吴中区旺山遇见卢浮宫
电话：15962145775（微信同号）